好姑娘就这样光芒万丈

翁静雅 著

天津出版传媒集团

天津科学技术出版社

图书在版编目（CIP）数据

好姑娘就这样光芒万丈 / 翁静雅著. -- 天津：
天津科学技术出版社, 2019.3
ISBN 978-7-5576-6004-8

Ⅰ.①好… Ⅱ.①翁… Ⅲ.①女性－成功心理－通俗读物 Ⅳ.①B848.4-49

中国版本图书馆CIP数据核字(2019)第030142号

好姑娘就这样光芒万丈

HAOGUNIANG JIU ZHEYANG GUANGMANG WANZHANG

责任编辑：方　艳

出　　版：天津出版传媒集团
　　　　　天津科学技术出版社

地　　址：天津市西康路35号

邮　　编：300051

电　　话：（022）23332695

网　　址：www.tjkjcbs.com.cn

发　　行：新华书店经销

印　　刷：天津盛辉印刷有限公司

开本 880×1230　1/32　印张6.75　字数124 000

2019年3月第1版第1次印刷

定价：59.00元

本书赞誉

静雅从一个普通的姑娘逆袭成为一位优秀的女性榜样，这个过程离不开觉醒、治愈以及高标准的刻意练习。践行书中的道理，你也可以变得光芒万丈！

——《极速写作》作者　剑飞

爱与成长是人生永恒的主题，《好姑娘就这样光芒万丈》带你探索内心，发现生命中那些不可或缺的爱，与你一起细数成长路的上点滴甘苦与冷暖。

——拆书帮合肥霸都分舵舵主　河东西

和你交往以后，我感觉日子过得更加简单和舒心。休息时有念想，工作时可以很投入，很幸运生命中有你。

——章灵军

静雅在《好姑娘就这样光芒万丈》这本书中，把自己从职场到家庭、从心态到成长、从学习到应用等经历，毫无保留地为你呈现，陪伴你走过迷茫期。

——万乐老师

当我们还在挣扎着放下手机，呼喊拯救颈椎和生活的时候，静雅已经写完了一本书。通过《好姑娘就这样光芒万丈》，我忽然发现，她是让理想生活变得清晰可见的人。

——王毅彬

《好姑娘就这样光芒万丈》是属于她的故事，也是属于每一个热爱生命的你，借由阅读，你将找到属于人生精进的法门。

——教育工作者、心理咨询师 颜龄

《好姑娘就这样光芒万丈》是静雅对自己每一步蜕变的思考和感悟，向每一个想对人生自赋意义的你昭示成长的姿态，愿你我都能拥有静雅那份稳中求变的智慧。

——合肥皖宝集团电商经理 王影

仔细阅读《好姑娘就这光芒万丈》，才知道这个爱笑的姑娘背后，竟有着对爱宽广而深沉的探索。

——安徽智想合创创始人 张慧

（策划手记）

女人更应该掌控自己的人生

文/李鲆

新时代的知识女性压力越来越大，好不容易从学校毕业，辛辛苦苦打拼两三年，事业刚有起色，长辈就开始催婚。这边正在熬夜加班，家里人又打电话过来让你明天请个假回去相亲。

看着身边的同学、好友陆陆续续地结婚生子，天天在朋友圈里秀恩爱、晒娃，过得悠闲自在。你不禁开始怀疑，自己那么辛苦地上班是为了什么？

姑娘，人生不是只有结婚生子，还有事业和梦想。

本书作者翁静雅是一个受过家庭创伤的姑娘，她也曾

封闭自己，对一切感到迷茫；她也曾在感情中受挫，陷入消极的泥潭。

但是，她最终都熬过来了，并且振作精神参加了马拉松、晨间训练营、讯飞语音写作班……她慢慢地恢复自信，确定梦想，整个人焕然一新。如今，她已经是极道营销策略总监，也有了灵魂契合的另一半。除了事业、爱情的丰收，她在爱好方面也有许多成绩。她完成了1000多千米跑步和2600多千米骑行，创作了400多万字，写了一幅又一幅的书法作品……

虽然她现在已经非常优秀，但她依旧在实现梦想的道路上高歌猛进。

我相信，未来的她一定会比现在更璀璨夺目。

你是否想知道她从低谷走向成功的契机是什么？你是否想知道她是如何平衡事业与爱好的？答案就在《好姑娘就这样光芒万丈》这本书里。

翁静雅用自己的行动告诉所有姑娘，你不应该被生活压垮，除了繁忙的工作、琐碎的家庭杂事，你还应该拥有兴趣爱好、闲情逸致，做最好的自己，变得光芒万丈。

《好姑娘就这样光芒万丈》是一本教你如何在一年的时间内学习、成长、蜕变的书。改变你的人生，就从阅读这本书开始！

李鲆 出版策划

微信号：276527980

资深出版人，策划出版多部畅销书，著有《畅销书浅规则》《畅销书营销浅规则》《微商文案手册》等

目录
CONTENTS

第二章 认真生活，其实是一件很酷的事情

第三章 欣于所遇，万物过手皆是深情

第六章　对未来有信心，对现在有耐心

第七章 喜悦的旅程会到达喜悦的终点

第八章 一切都很甜美,我们一起前进

大咖推荐

自序

你也可以活成自己想要的模样

好姑娘总会光芒万丈。

怎样才能变得光芒万丈？温柔地去倾听，强有力地去执行。

倾听自己，倾听家人，倾听世界。

面临重要选择时，闭上眼睛，温柔地去倾听自己的内心声音，自己的身体诉求，你就不会再犹豫。答案不在别人那里，而是在自己心里。

陪伴的第一位是倾听，与家人产生矛盾时，只需要冷静下来，去倾听对方的心声，一切解决方案都会慢慢地浮上来。

《生活大爆炸》中的谢尔顿在一个婚礼上，对新人致辞说："人穷尽一生追寻另一个人，要与其共度一生的事，我一直无法理解。或许我自己太有意思，无须他人陪伴。所以，我祝你们在对方身上得到的快乐与我给自己的快乐一样多。"

每个人的幸福都是由自己创造的，自己很有趣，能和自己相处得很好，那么结婚之后，也就能和另一半好好相处。对伴侣、对家人更需要耐心地去倾听，去反馈。家庭和谐，就能给自己源源不断的支持和爱。这时，家就是自己的"根"。

理解和包容家人，就是理解和包容自己。

温柔地倾听整个世界，找到自己的天赋和优势，创造属于自己的小小世界，让自己更幸福，也让他人更幸福，这就是人生的意义。

除了倾听，还要懂得执行，实践出真知。

先从行动开始，当自己没有做到某件事时，脚踏实地地去行动，知道不是懂得，做到才是学到。看见了最高的山，也要一步一步踏实地往前走，用结果、作品来说话，而不是花更多的口舌、笔墨去描述这一路的艰辛过程。

忘掉想要炫耀的虚荣心，专注自己的脚步。每当有一点点进步时，我们可能会想，先发个朋友圈炫耀一下。如果有很多人来点赞，就会沾沾自喜，觉得自己了不起。然后就没有下一步行动了。

所谓的强大是任何事情都无法破坏你内心的平和，铭记初心，才能到达终点。强有力地去执行，把一件事情做到底。完成一件事，是光明的、是幸福的。

每个人都应该有目标，有闲情逸致，更有满满当当的爱，你要相信未来是光明和幸福的，而自己也正在这条光明和幸福的路上奔跑。

眼前正在发生的，我们脚下正在走的路，都是我们的故事。这个故事有你，有我，安静或热闹，我们都在。

有梦不觉天涯远，扬帆起航正当时，愿我们终将活成自己想要的模样！

第一章

唯有学会爱自己，才有余力去爱别人

【章导读】

许多人终其一生，都活在别人的对比下，小时候要和成绩优秀、乖巧听话的同学比；长大了要和能力突出、双商极高的同事比……久而久之，大家就觉得与那些闪闪发光的人相比，自己平凡而庸碌，是世界上最卑微的尘埃。

但是，亲爱的，其实你比你想的更优秀。生活如此艰难，你却能咬牙坚持下来，靠自己的双手，养活自己和家人，这就已经很了不起了。

唯有学会爱自己，才有余力去爱别人。

亲爱的，你比你想的更优秀

很多人觉得自己没有被爱，是因为不够优秀，可亲爱的，你错了。

想要被爱，你要先学会表达自己的爱和需求，然后发现自己的优点，肯定自己，最后试着去爱自己、爱家人、爱他人。这样你才能收获别人的爱，享受被爱的感觉。

1. 想要被爱，先学会表达

所谓的爱，是爱自己、爱家人、爱他人。

真正的爱不是长篇大论，而是柴米油盐；爱要在日常的小确幸中去发现和感知，爱不是谈价值观、人生观和梦想；爱是从实际行动中一点一滴产生的。这样既能给自己安全感，也能给对方安全感。

我们总是认为自己没有得到别人的爱，是因为自己不

够好、不够优秀。其实，真正的原因是我们不懂得如何去表达爱，表达自己的需求。如此一来，别人自然而然就忽略了我们内心的渴望。

一位友人曾向我抱怨，从未感受过别人对她的爱。

我问她："你会不会撒娇呢？"

她说："我不懂怎样撒娇，性格一直是硬邦邦的。"

我又问："你会不会示弱呢？"

她说："我已经习惯了亲力亲为，我觉得自己可以解决，就没必要麻烦别人。"

我继续问："你有没有放下戒备、敞开心扉、真诚地去爱过一个人？"

她还是摇头，说："我已经没有爱人的能力了。"

这就是原因所在，我们不去表达，也不去给予，怎么能要求别人大公无私地把爱分给我们？

不如，我们现在就试着让爱一点点回归吧！跟着自己的感觉走，尝试把自己的心打开，去接纳他人，向他人表达爱与需求。

这样我们一定也能找到、感受到别人对我们的爱。

2.你真的很棒，也很优秀

我们对自己的判定很大一部分是取决于别人对自己的看法。对方的鼓励和肯定，能直接带给自己信心。但是

如果我们长期处在压抑的环境里，自己的热情、需求和爱就会被消耗。这个压抑的过程持续得越久，我们就会变得越来越不开心，甚至会心理扭曲。

这时候，我们需要有一个值得信任的人过来跟我们说："你努力的过程很精彩，你做的事情很优秀。"

当别人赞美我们，我们就会因为接收到外部的肯定而高兴。

所以，我一直很感谢我亲爱的闺蜜、伙伴们。他们对我的赞美，让我获得了许多快乐，并且因此产生了信心。

我想对我的闺蜜、伙伴们说："你们是能发现别人闪光点的人，你们能看见我的这些特质，并给予肯定，说明你们身上也有许多优秀的特质，你们真的很棒，也很优秀。"

其实，我们每个人都善于发现别人的优点，这才会产生许多的比较。因为我们总是喜欢拿别人的长处和自己的劣势做对比，然后得出我们不如别人的结论。

其实我们都很棒，虽然我们也有缺点，但这就是我们最真实的一面。

焦虑、挫败和低落与勇敢、奋进和努力是相对存在的，可能很多人会因为自己的努力没被看见而沮丧不已，但时间看得见。

我们要知道自己走的每一步，都不是徒劳的。正是过去的自己从未停止奋斗，如今才能呈现出更好的自己。

亲爱的，你比你想的更优秀，所以张开翅膀去飞吧！

3.当我真正开始爱自己

卓别林在70岁生日时,写了一首名为《当我真正开始爱自己》的诗。

读过之后,我便明白,当我们真正爱自己,不违背自己本心时是"真实";不把自己的愿望强加于人是"尊重";不渴求不同的人生是"成熟";所有发生的一切都恰如其分,平静对待是"自信";用自己的方式和韵律做自己热爱的事是"单纯";追求健康,远离不健康是"自爱";不总想着要永远正确,不犯错误,是"谦逊";不念过往,不畏将来,活在当下是"完美";心灵和理智的组合是"心的智慧";不害怕分歧和矛盾,是"生命"。

当我们真正开始爱自己时,我们就能感受到自己是被爱的。

心怀恐惧,才更能感受到爱

很多人都以为,只有爱能让我们的关系变得亲近,恐惧则会让我们的关系变得疏离,所以恐惧会让人孤独。

但我认为恰恰相反,心怀恐惧,才更能感受到爱。

所有的一切终会离我们而去，但只要努力去爱，我们就会因此而幸福。结果如何，只能交给生命，交给更大的系统去决定。

1. 我心中的恐惧

妹妹打电话给我说："父亲的身体越来越糟糕了，母亲的身体也不是特别好，但她还想着去工厂打工。"

我怕父亲会因为身体不舒服而叹气；我怕父亲住院做手术，而我负担不起医药费；我怕母亲会因为父亲的病操劳过度；我怕自己跟父母永远都亲密不起来；我怕父亲会以自己的身体为由，逼迫我结婚……

我心中的恐惧，是从什么时候开始滋生的呢？

小时候，父亲经常会去赌博，每年过年时，他都会输掉很多钱。

有一年春节，父亲出去赌钱以后，我就在家门口使劲地哭，希望能借此阻止父亲去赌博。但一个小孩子的哭声，又能起什么作用呢？

那天他输了钱之后，还特别狠地骂了我，说我大过年在家门口哭不吉利，很讨人厌。

和父亲的隔阂，大概就是从这时产生的。

父亲出过两次很严重的车祸，一次是在我读初中三年级时，一次是在我读大学二年级时。第二次车祸，他受了

很严重的伤,是我亲手签的病危通知书。

事情是这样的,那天父亲做完手术,我们都以为没事了。结果我和母亲还有妹妹疲惫不堪地回到家后,就接到了叔叔的电话,让我赶紧去医院。

那一晚,路特别黑,风特别冷,我自己一个人骑了好久的自行车才赶到医院,得知父亲因为药物过敏,正在ICU抢救,只能颤抖地签下病危通知书。

后来,父亲得了尿毒症,透析了三年,去过无数次医院,做了很多次手术。以前是母亲,现在是我和妹妹办各种手续。

从小到大,父亲都在吃药,每次他让我看药品说明书,我都很排斥。因为父亲总是晚上出去通宵赌博,然后第二天去医院打点滴。我想不明白,为什么他的身体都已经那么糟糕了,他还不懂得爱惜。

因为父亲,很多次春节,我们都是在医院度过的。

虽然事情已经过去很久,但写下来时,我心里面依旧充满恐惧和责怪。

我害怕看见父亲面目憔悴叹气的样子,责怪父亲赌博,责怪父亲不买保险,责怪父亲不爱惜自己的身体,责怪父亲不体谅母亲……但这些恐惧和责怪,都是因为我不想失去他们。

2.我心中的爱

我之所以把我的恐惧都记录下来，也是因为我心中的爱，其实，我很爱父亲。

脱离孩子的视角，从更大的系统层面去看父亲，我发现父亲也是一个渴望爱的孩子。因为童年缺失了爱，所以现在他才会变成这样。

我去上心理咨询、情绪管理、爱与沟通的课程，就是因为我爱父母，希望借由这些课程，学着慢慢地疗愈自己受到的伤害。

父母和子女有天然的连接，父母给予我们的力量会比上任何课程所产生的效果更好、更强大。如果我们今天能比昨天进步一点，多做一点不同的尝试，去和父母产生连接，不只是父母，兄弟姐妹、叔叔伯伯、阿姨舅舅等，整个家族系统都能给予我们支持。

我们需要做的是相信，打开自己，带着爱去与他们产生连接。

3.找回自己的力量

不要低估任何情绪的感染力，不要总想等某一个时候，自己才行动，这样才会让一切真的来不及。

我察觉到自己在恐惧的情绪中逃避现实，什么都做不了时，就立刻尝试用爱去突破自己的恐惧，用爱给自己设立一个"盾牌"，用爱去连接更多的温暖和支持。

现在都还来得及，我们可以多回家陪陪父母，即使自己在其他方面做不了什么，但可以让父母感受到我们心中的爱和力量。

回家抱抱父亲，抱抱母亲，抱抱家里人，用行动和语言告诉那些对你而言十分重要的人——我爱你们。

直面低谷，才能走向光明

每一个人都会经历低谷，我们不能只会逃避，让自己一直待在低谷里。走向光明最好的方法，就是直面低谷。爱会帮助我们更好地从低谷中走出，爱是一个光明的字，你要用一只光明的手，把它写在一张光明的纸上。

1.重修人生的功课

在学生期间，一门重要的课程挂掉了，需要重修补考。那么人生中那么多门课程，我们是不是也会挂科，也需要重修？

我认为是的，尤其是亲密关系这门课程，挂科的人最多，但是很少人懂得重修。

冬天有寒风、霜雪、冰冻，气候恶劣。我们每个人的人生都会经历寒冬，会经历一些黑暗负面的事件。比如失

恋就是人生中一个核心的黑色记忆，失恋的人会觉得自己过得很惨，会觉得自己陷入了泥潭，暗无天日，会觉得命运从来都不眷顾自己。

这个时候，我们干脆让自己在泥潭里趴一会儿吧，趁自己处于低谷，直面自己的内心，把心底最黑暗、最痛的东西挖出来，拍拍上面的灰尘，拿到太阳底下晒一晒，让风吹一吹霉味。然后郑重地把这些记忆收藏起来，坚定地向前走。你走的每一步都算数，你所经历的一切都将变成你的护城河。

2.自我增值的时间

直面低谷，我们首先要学会自我增值。

我们可以去做一些自己曾经想做却一直没有做的事情，比如运动健身，去学一门技能，开启一场断舍离……去做那些光明的事儿，让自己主动地走向光明！

运动健身就是用流汗来代替流泪！下载一个跑步软件，换上运动服就可以出发！看着跑步里程的积累就会很有成就感，喜欢跑步的人都懂得跑完之后的兴奋与快乐。

跑完之后，由于内啡肽多巴胺效应，因此我们会慢慢地爱上跑步。跑步可以让自己从生活、工作的压力中，暂时把自己解放出来。

在训练的过程当中，自己根据严格制定的计划去训练，慢慢地自己的工作和生活也会受其影响，变得越来越

有规律。跑步的过程可以是"孤狼行动",你可以自己一个人去完成,同时,它也可以是"群狼行动",你可以找一个跑步社群,在伙伴的鼓励下坚持完成。

学一门技能,全情投入,就可以忘却伤痛!全情投入去做一件事,这件事情的难度最好比你的能力略高一些,但不要超出你的能力范围,这样你才能进入最佳状态,也就是那种忘我的状态。在这种状态下,你的效率很高,并且在事情完成之后会有一种幸福感。

断舍离就是只留当下需要的物品,斩断不必要的联系,舍弃绝不需要的东西、多余的事物,脱离对物品的执着,对自己居住环境做一个彻底的断舍离。你只需不停地扔,扔完之后,不仅环境会变得宽阔、敞亮,心境也会变得通畅愉悦。

3.当一个幸福的"吃货"

直面低谷,不妨从当一个幸福的"吃货"做起。

"吃货"的幸福很简单,只要有美食,"吃货"就能开心一整天。让我们多吃一点儿好吃的吧!用好的食物供养眼、耳、鼻、舌、身、意。

食物带来的满足感,能让你的心理热乎乎的,不仅填满了你的胃,也填满了你的心。

不要应付式地解决吃饭问题,想着只要能填饱肚子就好。认认真真地把当下每一顿饭吃好,你将会发现捕捉生

活中的幸福，原来那么简单。

发现生活之美，就从好好吃饭开始。把每一刻的品质过得再高一点，就是热爱生活。看各种菜谱文章，挑一些简单并且有趣的菜式，自己学着做出来。久而久之，你会发现动手做饭是一件挺有趣的事，与紧张的工作、学习不一样，它能让你的脑子放松、休息。

对食物全情投入，也是爱自己的一种方式，它能帮助你更快地走向光明！

最好的分别，是没有遗憾

最好的分别，是想起和你在一起的时光，没有遗憾。

梁秋实在《送行》中说道：你走，我不会送你。你来，不管多大的风多大的雨，我都会去接你。我们都不善于告别，而人生却是由一场又一场的告别链接而成。郑重而认真的告别，也对新的遇见说："Hi。"

告别仪式，就是种下一颗美好愿望的种子，然后对未来心怀期待。

1.告别过去的恋人

很多人提起自己过去的恋人,都是咬牙切齿恨不得除之而后快。但我对过去的恋人,却只有感谢,感谢他带给我的悲伤和快乐。

与他交往的那段时光里,我更清晰地认识了自己。我喜欢他的学识和才华,喜欢他的积极向上,喜欢他能带给我对于未知的指导和引领。我不喜欢他对我的限制,不喜欢他对我的否定和不支持⋯⋯恐怕也正是因为他,所以我才会成为现在的我。

我们曾经有交集,然后彼此的人生轨迹渐行渐远。如果再见面,我会很友好地跟他打招呼,就像普通朋友一样。因为我对他已经没有了期待,所以也不会有怨恨。分开了,也只是事实证明,我们确实不合适,我自己可以过得更好。

那些曾经歇斯底里的爱,痛彻心扉的哭泣,也证明我确实爱过。

我不后悔自己的决定,错过,不是错了,而是过了。

既然都已经过去,那不妨来一场郑重的告别,然后勇敢去爱!

2.告别过去的伤害

大部分人都知道家庭是我们温暖的港湾,但其实家庭也会伤人,因为家里人才知道你最深的痛处。

我18岁从高中毕业，就离开家上大学，一直到今天我都不想回家，每次回家我都待不了几天就想逃离。我甚至觉得那不是我的家，而是父母的家。我欠了父母很多，所以我要给他们很多钱才能还他们的养育之恩。

我跟父亲的关系不好，导致我形成了思维定式，比较难走进亲密关系。但是被家人打击之后，最好的修复感情的方式应该是重建。所谓重建，就是告别过去的伤害，认真地审视和修复自己与家庭之间的关系。

家才是最大的修炼场，我们应该把重点放在自己和家人的关系上。我修复自己与父亲之间的关系，就是还原当时的情境，谅解父亲给家庭带来的伤害，告别心中的芥蒂。

3.接纳别人的过去

现在，我可以很平静地跟自己的过去告别，但是其他人却很难做到。他们没有跟过去告别，深陷过去的困扰。比如我的母亲，她每次跟父亲吵架，都会说一些很恶毒的话，把多年前受到的伤害翻出来，借此指责我的父亲。

其实关于自己与父母之间的边界，我们是需要知道的。父母过去内心受到过的伤害，我们没有办法替他们承担。但在他们翻出过去时，我们应该如何去做？这个准则又是什么？

在父母陷入争吵时，我们可以先调整自己的情绪，不要随之起舞，冷静地看待这一切。如果自己没有十足的把

握，不要尝试在当下进行引导，不然会陷入混战漩涡，与父母争吵起来。接下来，我们可以去感知父母爆发后的情感需求，再给予他们安慰。这时，往往是治愈他们心灵创伤最好的时机。

过去的事已经没有办法改变，最重要的是把握现在。

如果我们现在种下一颗充满希望的种子，再积极主动地去浇灌，以他们可以接受的方式，引导父母和好，久而久之，也许在未来，我们与父母都能收获一个美好的结果。

家庭关系也是需要用心维护的，一个家庭不温馨、没有爱，不是因为我们没有了爱，而是因为我们的爱没有流动起来。我们学会爱自己之后，要回归到家庭，跟其他人进行良性的互动和联系，把爱传递给家人。

我们终将成为最好的自己

没有人希望自己将来一事无成、浑浑噩噩，我们都想要成为一个更有力量的、更有勇气的人，把自己最好的一面，呈现给世界。只要一直怀揣着这个念头，并且为之而努力，我们终将会成为最好的自己。

1.关注自己

每一个人都会对自己有要求，那是因为我们希望自己可以成为一个更好的人。所以我们做很多的计划，以此规范自己的人生。

我也试过制订各种各样的计划约束自己，第一年做目标管理没有成效是必然的，特别痛苦，所有制定的目标都完不成，导致自己极度焦虑。

如果你也出现了这种情况，可以放心，这并不是什么值得害怕的事，反而更应该恭喜你，你已经进入了学习的恐慌期。只有对学习产生恐慌，才能进步。

第二年再做目标管理，这个难度就大大下降了，你会发现自己列出来的目标，变成了指南针，能指引自己向前走。

世界上多的是比我们优秀、还比我们努力的人。可能我们在做目标管理时，他们已经在用思维导图梳理目标，做回顾笔记，借助软件管理自己的时间和开销……

当我们发现别人都有一套让自己变得更优秀的方法时，我们会觉得："他们怎么都这么厉害？这个方法很好，我要试一下。那个方法也不错，我选哪个好呢？"

我们一直在不停地尝试新东西，不停地犯错，这是效率非常低的一件事。因为我们的关注点全部在别人那里，没有关注自己，不知道自己真正需要什么，什么才是真正适合自己的方法。

因此，成为最好的自己，首先要关注自己，找到适合自己的方法，搞清楚自己到底需要什么，才能让自己活得更加高效。

2. 拥有梦想

成为更好的自己，第一步就是关注自己，明确自己是一个什么身份，将来想成为什么样的人，价值观、人生观是什么？然后发掘自己的内在驱动力，从顶层往下制定年度目标。

第二步就是要问问自己的梦想是什么，自己的5年愿景是什么？

我是在目标学习和不断试错的过程中，慢慢地明白这些有多么重要。我花了一个月的时间去理清我的梦想，重新拾回那些令我心动的东西。

我希望自己能突破时间、金钱和资源的限制，努力实现自己的梦想，丰盛人生。那么，当我离开这个世界时，我就能说："我不枉此生。"

我的5年愿景是：出一本书，买一套房子，成立一个小家庭。

我的梦想是：有自己的优秀广告作品集，有自己的书法工作坊，能翻译一本书，集齐6大马拉松奖牌。

我正在为自己的梦想而努力奋斗，我希望你也能像我一样，拥有梦想，并且拼尽全力去实现它们。最后你会发现，自己已经变成了最好的模样。

3.随机应变

生活中，我们难免会遇到需要换城市、换工作的时候，这些都是我们人生中的大事件。那么，遇到环境变化时，我们的年度目标应该怎样调整呢？

如果条件允许，我建议你去找专业的生涯规划师，找到你的竞争力和优势，帮你分析一下未来应该如何规划。而在这个过程中，你的目标如果有变动，就要灵活去调整，只要你的人生方向不变，其实换工作、换城市对你目标的影响不大。

很多时候遇到这些大变动，我们就会给自己找一个借口，让自己停下来，一旦停止努力，我们就会离自己的目标越来越远。

这时候，我们不妨转变一下念头，把临时变动视作一个重新认识自己、了解自己的机会。

4.寻求帮助

生活中处处蕴含着爱与支持的力量，但爱与支持的主要获取来源是家庭，如果父母无法给予时，我们就要学会寻求帮助。

我参加过情绪训练营，发现原来情绪可以通过练习，慢慢地转化掉。情绪是本能，而转化情绪是一种能力。

我参加过爱的沟通训练营，学到了爱的沟通步骤是处理情绪，觉察原因，体会需求，表达事实、感受和需求，从

而达到有效沟通。

我参加过陪伴式成长训练营，经过老师的开导，我知道了自己为什么会排斥爱、排斥父母、排斥所有人。后来，我懂得了与父母和解要站在家族的高度，去看自己和父母的关系，与自己进行一场心与心的对话。

这些都是我缺乏爱与支持的力量时，向外界寻求帮助的手段。

如果你尝试了这些手段，依旧长时间处于低落的状态，那么，我会建议你去找专业的心理咨询师。我们不仅要列出工作、生活目标，以求精进，在心理上同样也需要持续不断地去探索、学习。

我相信，身心和谐，家庭事业和谐是每一个人都想要达到的状态，其实，每一个人都能通过自身努力，去拥有幸福快乐的人生。

懂得自省，才能更好地去爱

我在同事家搭伙，她的母亲做的饭非常好吃，我们相处得也无比和谐，但后来，我为了一盘清明饺，对阿姨产生了怨言。

事情是这样的。

清明节回老家祭祖，母亲知道我爱吃清明饺，特地去挖了笋，买了肉，包了清明饺。临走前，她打包一些，让我带回去吃。

路上颠簸，母亲做的清明饺碎了些，但还是能看出一只只饺子的样子。

我挑了一些模样较好的饺子放在冰箱里冷冻，破碎的饺子则用盘子装起来，蒸着吃。

我把饺子蒸好后，兴高采烈地准备大快朵颐，但一想我应该让阿姨和同事也尝尝家乡的清明特色，于是招呼了她们过来吃。但是一摆上桌，阿姨就说："这个没熟吧？"

我说："熟了，这个饺子本身就是熟的，稍微热一下就好了。"

我在房间开电脑时，阿姨就喊："饺子我再热一下啊。"

我说："你要是觉得凉了就再蒸一下吧。"

我本以为她只是稍微蒸一下，谁知道等我过了一会儿去厨房，就看见锅里加了水，阿姨把饺子煮成了一坨一坨的，根本看不出形状。

结果当然吃得很不愉快，我只吃了两口就不吃了。我感觉到自己生气了，有情绪了，并且陷在这种负面情绪里走不出来。

到了晚上,为了调整心态,我开始思考自己为什么会生气?

原因有三点,第一点是因为我心疼母亲的劳动成果。

清明饺是母亲辛辛苦苦包的,本来就碎了,放在盘里蒸,还能看见饺子的形状,加水下去煮就变成一坨了,特别难看。这让我觉得非常可惜。

第二点,我感觉自己不被尊重。

我跟阿姨说了好几遍,这个饺子本来就是熟的,热一下就可以了,我已经热过一遍了,直接吃就可以了。但是她并没有听进去,还是按照她的想法去做。

第三点,家乡的习俗没得到理解。

一方水土养育一方人,每个地方的饮食不太一样。我们家乡的清明饺是蒸饺,不是水煮的饺子。我家乡的清明习俗,除了祭祖以外,挖笋、采艾蒿来包清明饺是每家每户清明节必做的事情。

我们家会蒸很多清明饺,慢慢吃。可以蒸着吃,也可以用油将饺皮煎得酥脆,配着稀饭吃。因为味道好,我每年的清明,最期待的事情就是吃清明饺。

分析完这三个理由,最让我生气的是第二个。尊重是互相的,你的想法跟我不一样,我会尊重你。在此基础上,我希望也能得到同样的尊重。

我想起了《四重奏》这部电视剧。新婚妻子做了炸鸡,

挤上了柠檬汁让丈夫吃。老公面对喜悦的老婆，只能说："真好吃呀。"

很多年后，妻子都不知道其实丈夫不喜欢这种吃法。电视剧告诉我们的是，加柠檬汁之前应该温和地先问一下："要柠檬吗？"

艺术源于生活，并高于生活。对人的尊重、理解体现在细节中，柴米油盐酱醋茶的小事也需要相互包容、互相尊重，与家人、好朋友的相处更需要尊重。

我冷静下来，反思自己在日常生活中，也必定有不尊重他人习惯的情况。想到阿姨平日对我照顾有加，每次我下班回家，她都准备了热气腾腾的美味饭菜。于是，我转身去厨房，重新做了一份笋子烧肉腌笃鲜给阿姨吃。

能吃到一起、聊到一起、玩到一起、各自做各自的事情不冷场、能互相吐槽、挤兑不往心里去，就是人与人之间最融洽的相处方式。

做自己，才能收获幸运

做自己，在自己喜欢的领域大展拳脚，就能收获幸运。

把时间和精力投入到自己喜欢的事情里，多多少少都会有收获。垄断行业内所有的幸运，这个结果是建立在把一件事做到极致的基础上的。

1."做自己"的幸运公式

好的结果＋意想不到的连锁反应＝幸运。

坏的结果＋意想不到的连锁反应＝霉运。

刻苦读书拿到好文凭＋稳定不累的好工作＋下班2小时坚持学习＝社会传统的幸运公式。

与传统不同，新精英"做自己论坛"中郑伊廷给的幸运公式是：

第一，反复去做——在热爱的领域，刻意练习。把自己喜欢的事情做好，并且不断地重复，在关键时刻，就可以达到最好的效果。

第二，修正弱势——发现低分马上修正，取得回馈，降低关键节点的失误。人的不幸，大多时候来自关键节点时做错决策。

第三，放大天赋——把你的资源集中在你的幸运模型

上，密集投资自己，学到的东西，马上投入使用。

第四，多学一些放大式的技能——英语和编程。这些是放大式的技能，掌握这些技能，能借鉴更大范围的经验，增加自己的幸运指数。

2.刻苦努力比不上热爱

现在是知识爆炸的时代，我们要在幸运基数之上学东西，得到结果后，再不断地放大。目前，根本不存在要学什么、学的东西有没有用这种疑问，如果你还在考虑自己学的东西有没有用，那这个东西肯定不在自己幸运基数之上的，换言之也就是没有必要去学。

只做自己喜欢的事，把喜欢的事情做到最好，每天持续十个小时，你就会对这种快乐上瘾。

有的人可能为了生活，不得不选择自己并不感兴趣的工作，但是这没有关系，下班以后我们可以做自己喜欢做的事情。

有研究表明，当我们以自己的爱好为职业时，进步速度是一般人的5倍，从这一刻起，你的生涯就可以起飞。我们甚至不需要坚持学习。

刻苦努力比不上热爱，热爱的动力是无穷无尽的，所以我们最好在自己喜欢的领域努力，这样才能收获幸运。

3.你的幸运公式是什么

可能有人会觉得,我所提出的观点,都属于鸡汤。如今大部分人都觉得鸡汤是没有实际作用的,给你一碗很补的鸡汤,但是不给你勺子,这有什么用呢?

朋友曾经跟我抱怨:"你让我做自己,却没有给出方法和工具。做自己这件事,我也知道啊。可是我要还房贷、养小孩,我每天上班已经十小时了! 下班能有两小时做自己喜欢的事情已经很不错了。理想和现实总是有差距的。"

真正的淡然来自见过了不同的生活,你依然回来做自己。见到了不同的人生,更要思考自己的天赋在哪里? 是否也可以过自己想要的一生?

有一个很棒的词语叫"顺流成长",我们可以先思考一下,自己真正喜欢做的事情是什么? 做什么事情是自己一学就会的? 做了什么是最有成就感? 而不是勉强自己一直坚持。

发掘自己内心真正的热爱,才能更快地走向成功。

不幸是"原本我可以",幸运则是"我一直都在做自己",如果你愿意,你也可以垄断所有幸运!

我们要做发光的"九牛之人"

如果你自带磁场，走到哪里都会发光。

退缩是什么？焦虑是什么？

记住你青春无畏的样子，你未必出类拔萃，但肯定与众不同。

1.向内挖掘自己的闪光点

什么是"九牛之人"？

这个故事，说的是一个小伙子去寻找自己的爱人，有一天在一个村庄遇见了自己一见钟情的人。当地的风俗是求婚要送牛，普通的姑娘送一两头牛，漂亮的姑娘送三四头牛，最多是送九头牛。

这个小伙子，买了九头牛去婆亲，而在姑娘父母的眼里，他们的女儿是一个普通人，最多只要三四头牛，自然很乐意把姑娘嫁给了他。

婚后，小伙子一直把妻子当成最漂亮、最可爱的人。两三年过去之后，姑娘的变化非常大，连父母都吃惊他们的女儿变成了聪明贤惠、漂亮可爱的"九牛之人"。

这个故事告诉我们，从小到大，大家都认为你是一个普通的人，连自己也觉得自己没有什么特别之处，所以你

就变成了一个普通人。但只要有了第一个人认为你是"九牛之人"，从那时候开始学习发现自己的优点，你慢慢地就会变成真的"九牛之人"。

我参加过一个活动，这个活动就是做一些让你发现自己是"九牛之人"的训练，让你去发现并挖掘自己内在的成长力量。

在自己没有灵感、没有想法和没有观点时，在自己焦虑无比、迷茫困惑、低落负面时……用静思将你脑海里的念头都写出来，把乱七八糟的生活一点一点地整理清楚，慢慢地你会拨开生活里琐碎的迷雾，越来越清晰地感受到自己的力量。

每一个人都应该尝试去做一下这种训练。如果你的家人或者伴侣视你为"九牛之人"，那么你很幸运。但是，如果没有的话，我们就要做自己的发现者，抛开那些"我不行""我不好"的信念，真正地从实际行动中，从自己写下的文字中，确信自己的闪光点。

2.静思带给我的改变

训练营招募学员时，我第一时间就交钱报名了。我的初衷是做一个"晨型人"。

如今，训练营已经结束了，但是我仍有一种意犹未尽的感觉，想要把这个好习惯继续保留下去，因为这个活动，让我收获非常大。

首先，它教会我用爱链接父母和家庭。

上文已经提到过，我比较排斥我的父母，也是我自身的原因，让我的心和父母之间产生了隔阂。我感受不到父母的爱，我也封闭了自己的心，不会向父母诉说我的困难、伤心……

在训练营期间，我把我和父母之间的矛盾都写了下来、说了出来。对我来说，要把伤疤揭开，是一件很难的事。我说不出口，一直憋在心里面。可是，有些东西我们藏得越深，伤害就越大。唯有把这些东西说出来，自己才能真正看见伤口在哪里，才能找到方法去疗愈。

于是，在老师的指导下，我把心事说了出来，并在后续一系列的训练中，明白了孩子跟父母天生就有着不可割断的联系。

只要我们试着去相信父母，练习传递爱、感受爱，跟父母多多互动，就能感受到家庭带给我们的爱和力量。

其次，它让我对自己的工作、事业方向有了更清晰的认知。

工作、事业是我在静思训练营期间，写得最多的内容。

我每天会花很长时间去思考我的工作和学习，甚至在睡觉时，我的潜意识还在运作。

经过了一个晚上的休息，头脑会清晰清楚很多，这时候最适合思考。有时候我会不愿意睁眼，更不愿意起床，但我的大脑已经清醒，开始兴奋地工作了。这个时候我打开台灯，调到弱光，通过语音写作把自己的想法和观点全部说出来，在这个过程中，我是越来越清醒的。

虽然说的时候没有逻辑，是想到什么就说什么的，但经过复盘、整理，我刚睡醒时说的话，就变成一份清晰明了的工作清单了。

3.静思带给我的收获

第一点，我学会了利用工具。

人与动物最大的区别就是人懂得利用工具，有朋友曾经说过一句玩笑话："为了不退化成动物，我们应该积极使用工具。"

很早之前，我就知道语音写作软件这个工具的存在，但我一直都没有去用过。现在语音写作软件的使用，恐怕会逐渐成为一种趋势，因为它能帮助你实现"出口成章"的愿望，我这里说的"出口成章"是指说出来的话，立刻变成一篇文章。

长时间使用语音写作软件，有助于提高人的思维能力和说话能力。

树丰老师第一次跟我们讲课时，他说事前他并没有准备，但是在上课过程中，大家完全听不出来。因为他讲的

课既有逻辑性，又很顺畅，他把道理、知识都讲得非常清楚。这就是他经常使用语音写作软件的结果。

在训练营的28天里，我发现自己写下的文字，有很多语气词和停顿。因为我平时说话也是这样，所以并没有刻意去纠正这个小毛病，但恰恰是这不起眼的小习惯，会扰乱我的思维。

如果不是参加了训练营，估计我也不会想到去下载语音写作软件来刻意训练我说话、写文章的能力。

经过训练，如果我现在不方便打字，但需要记录大段文字时，我就会用语音写作软件先说出来，然后再修改，这样比自己在手机上一个字一个字地敲快多了。

最重要的是，在的训练过程中，我锻炼了自己思考和写文章的能力。很多东西在我写出来之前，其实已经在脑袋里构思好了。

第二点，我明白了清空大脑的重要性。

大脑是用来思考的，而不是拿来存储记忆的。

在我状态非常差的一段时间里，我连话都不想说，任由负面的记忆在脑袋里存着，就像秋天的落叶一样，一层一层积攒了很多年，如果不打扫不整理，还会继续堆积。但是参加了"晨间思"训练营后，我们通过各种各样的方法清空大脑，清空过后，我们的大脑思维就会变得更活跃和畅快。

第三点，静思教会我捕捉灵感。

我们都知道灵感是转瞬即逝的，很多时候我们会突然之间冒出一个很好的灵感或者想法，如果不及时记录下来，它可能就永远地消失了。

参加训练营后，我学会在灵感出现时，迅速记录下来，然后等到复盘时再整理。

第四点，静思让我懂得总结反思。

因为我热爱文字，所以我每天都写作，但是写作也需要精进。如何精进呢？最好的方法就是总结反思，自己写完一篇文章后，对这篇文章进行反思、复盘、找出问题，下次再写时，就刻意规避。如果不进行这一个环节，我们的写作水平就会永远停留在一条线上，不会进步。重复是没有意义的，每天进步一点点，才能帮助我们成功。这就是"精进"的力量。

第五点，参加训练营，影响了我的未来。

今天做的决定会影响未来，参加训练营，是我认为自己做过的决定里，最正确的一个。训练营教会我的不仅仅是对过去历史的记录，而是学会思考、擅于思考。我们思考的最重要的一个目的，就是学会做正确的决定。

感谢训练营，让我发现自己也可以成为一位"九牛之

人"。当然，这是我的方法，要发现自己的闪光点，还有非常多的途径。

学会用积极的态度去对待每一件事，尽全力把每一件事做到极致，你也可以成为一位闪闪发光的"九牛之人"！

第二章

认真生活，其实是一件很酷的事情

【章导读】

什么是认真生活？我认为，你不一定要非常努力，不一定要拼搏向上，也无须将所有责任扛在肩上。只要你对这个世界充满热情和好奇，勇于选择，有人爱，有事做，有所期待，便是认真地对待生活。

本章我会讲述一些关于自己认真生活的事，希望你读了之后，能真切感受到，认真生活其实是一件很酷的事情。

跑马拉松是我认真生活的方式

我跑马拉松已经坚持了三年，获得了五个奖牌，还是挺有成就感的。我没有跑过线上的马拉松，参加的全部是线下的马拉松比赛。跑马拉松就是我认真生活的一种方式，希望你们也能找到属于自己的认真生活的方式。

1.合肥马拉松比赛

印象最深的马拉松就是我第一次跑的合肥马拉松比赛，那也是合肥举办的第一届马拉松比赛。

因为那是我第一次跑马拉松，所以我准备了很久。当时，我是和王影女神一起跑的，这令我非常兴奋。跟她一起跑，收获也很大。

在比赛开始前，她就跟我们说时间管理、精力管理的秘诀，跑步的正确姿势，并且还提出了一个观点，她说："跑

步点不是为了跑而跑,而是为了让自己从烦琐的生活中抽离出来,尽情享受个人空间,可以说我们是为了让生活更美好而跑。"

第一次跑马拉松,我就打开了一扇奇妙的大门。

2.新安江山水画廊马拉松比赛

我第二次参加的马拉松比赛是歙县的马拉松,叫新安江山水画廊马拉松。这次比赛的奖牌很漂亮,是徽派的城楼。

比赛那天,下了很大的雨,我们在雨里跑完了这场比赛。赛道是非常美的山村沿河公路,但由于途中都是上下坡,跑起来很艰难。

不过我仍旧坚持着跑完了全程,最终,我和建琳、王影一起手拉手撞线。这次比赛我获得了很大的成就感,我居然能冒着大雨,跑完这场马拉松!即便我全身上下都湿透了,像"落汤鸡"一样,也不妨碍我发自内心地感到高兴。

我相信自己以后无论遇到什么困难,只要想起这场马拉松,就会有坚持下去的动力了。

3.无锡马拉松比赛

无锡马拉松比赛是我参加的第三个马拉松比赛,同时也是我参加的第一个全马马拉松比赛。之前我参加的

都是半马马拉松，全长不过21千米。而全马马拉松，全长42.195千米，对我来说无疑是一个挑战。那次我在比赛过程中受了伤，很艰难才跑完。正是因为这次受伤，我收获到了许多感动。

我是如果下定决心做一件事情，就要坚持到底的人。跑到30千米时，我就开始感觉到了疼痛，可是后面还有十几千米，我咬着牙，走一步挪一步，就是不服输，想要跑完全程。

路上其实有很多机会可以放弃，但是我一直都没有放弃。无锡马拉松的供给和后勤都非常棒，每隔几千米就有AED急救措施，这令我特别有安全感。于是，我决定，即使再疼，我也要坚持到终点。

非常感谢建琳，陪我跑了那么久、那么远。收容车一直问我们要不要上车，最后一辆了。然而，我们还是拒绝了。等收容车开走后，我们也终于快抵达终点了。那时候我们一边跑一边哭，因为太难过了，身体已经到了极限。

这时候我看到春燕，我的同学，她带着老公和宝宝在终点等我。我的内心充满了感动，现在想起来依然觉得心潮澎湃。

跑到终点时，奖牌已经发完了。工作人员把我们的号码布留着，让我们写下姓名和电话，他们定做奖牌，然后寄给我们。

后来，工作人员不仅给我们寄了奖牌，还给我们写了

一封令人动容的信,里面有一句话,让我印象深刻:"每一个跑完马拉松的人都是英雄,都值得拥有属于自己的完赛奖牌。"

不过,经历了无锡马拉松之后,我也得到了不少教训,第一是装备一定要好,鞋子不合脚,会很惨;第二是跑马拉松一定要根据自己的身体情况,不能逞能,受伤是不可逆的。

4.池州马拉松比赛

池州马拉松比赛开始时,我前一天晚上还在加班,晚上八点多,我才把电脑合上,匆匆忙忙打车去高铁站,赶到池州。

第二天跑步时,我感觉很疲惫。跑到16千米时,我的膝盖就开始发疼。

幸运的是,我遇到了马兰姐,她是马拉松的"兔子"(马拉松比赛官方配速员,又称为"兔子")。她带着我一起跑,帮助我控制速度。最后500米,她跟我一起跑向终点时,我顿时觉得有人和我一起跑,在我最痛苦时,一直在我身边支持我,我就有无限的勇气面对挑战。

这次马拉松比赛给我的启示是,如果长时间加班,身体透支太多的话,真的不适合跑马拉松。休息好,平时锻炼好,才能很轻松愉悦地完成比赛。

5.一个城市的仪式感

去年的合肥马拉松比赛，我因为受伤没有跑。我把名额转让了，然后去跑了5千米的迷你马拉松比赛。

5千米的迷你马拉松比赛，我也跑得很开心。当你身处赛道，你就会发现有多快乐。那么多人陪你一起跑，一起嗨；那么多人为你加油鼓劲；那么多小朋友伸出手，要跟你击掌……

现在全国各地都会举办马拉松比赛，很多人也借由参加马拉松比赛的机会，去游玩各个城市。如果自己的城市举办马拉松比赛，那你一定要去参加。我认为，这是一个城市的仪式，参与到这个仪式当中，你才能清晰地感受到，自己是这个城市的一员。

6.马拉松的梦想清单

在参加马拉松比赛的过程中，我积攒了许多小梦想。

我的第一个梦想，是希望能找到一个相互扶持的人。

有一次，比赛前我去存包，看见一位老奶奶，背上贴着"马拉松金婚伉俪"，当时我就特别震撼。

我的一个朋友橙子姐，也会和她老公一起参加马拉松比赛。我看见他们在路上互相扶持，互相鼓励，十分感叹，最好的爱情大概就是这个样子吧。

如果那个人能在马拉松比赛上，与你互相扶持，互相

包容,互相鼓励,那么在人生这条路上,他也一定会为了未来共同的目标,与你步调一致地往前走。

我的第二个梦想,就是当一回马拉松"兔子"。

马拉松"兔子"为参赛选手们提供稳定的配速,帮助他们在预定的时间里完成目标,是优秀赛事不可或缺的一部分。我希望有朝一日,自己也能帮助别人,完成马拉松比赛。

我的第三个梦想是集齐奖牌,召唤"神龙"!

前段时间,我看到新闻说,集齐世界级的6大知名马拉松赛事的奖牌,最终可以拿到一个定制的完赛奖牌。

我的小心愿就是一点点去攒我的奖牌,去更多的城市,看更多的风景,跑更远的马拉松。

跑马拉松是我认真生活的一种方式,我想你也一定可以找到属于自己的认真生活的方式!

写作马拉松,不一样的运动

跑步马拉松是挥洒汗水的畅快,而写作马拉松则是头脑风暴发挥到极致的痛快。写作马拉松是一项不一样的运动,它锻炼的不是你的身体,而是你的大脑和心灵。

1.什么是写作马拉松？

我是马拉松爱好者，参加过很多马拉松比赛，拿到了不少好看的奖牌。我特别喜欢马拉松比赛的原因，就是在跑步后，我会感觉很舒服、很开心、很愉悦。而且长时间不停地跑步，人会进入一种冥想放空的状态，能够把自己从当前的压力解放出来。

有些人可能因为身体原因，没办法参加马拉松比赛，那不妨试一试写作马拉松。

写作马拉松是需要我们在一天之内写42195字，半程是21098字。我第一次挑战的是半程写作马拉松，从早上5:05写到8:00，工具是语音写作软件。我完成21933个字，挑战成功，非常开心。从中体会的喜悦和舒畅，和马拉松比赛跑到终点是一样的感觉。

写作马拉松和马拉松运动的魅力是一样的，普通人也可以参与。我们并不是专业选手，跑不完全程，那么走完全程，一样也可以拿到奖牌。

不是作家，也能参加写作马拉松。

2.写作马拉松的过程

马拉松是一项有门槛的运动，你必须在比赛之前有一定的训练，否则会很容易受伤。写作马拉松也一样，需要赛前准备训练。

在我挑战写作马拉松之前，我已经完成17次"晨间思"写作（半小时内，用语音写作软件输出2000～3000字），每次"晨间思"训练之后，我还会做至少500字的复盘。

这就相当于我在正式跑马拉松比赛之前，先跑了17次10千米，而且每次跑完之后都做拉伸。这代表我已经做好了身体和精神上的全部准备。

除了赛前准备，比赛过程中的补给也非常重要。

我参加过的马拉松比赛当中，个人最喜欢的是无锡马拉松比赛，因为举办方的补给很好——每2.5千米设置一个水站，每5千米设置一个饮料站、医疗站和临时卫生间。途中有热情的志愿者为你加油，还会提醒你已经完成了多少千米。那次比赛，让我地体验感非常好。

我并不觉得跑马拉松是一场艰难的挑战，在我眼里，马拉松就是一场有趣的游戏。

我的写作马拉松也是一样，我做了充分的准备。前一天晚上，我就把手机充满电，耳机线摆在旁边，台灯调到弱光，用保温杯倒好热水，还买了松软的吐司面包。

这些对我来说特别有用，我在4点多醒来，然后穿好衣服，喝点热水，打开手机，开始写作。

语音写作软件一次能容纳的最大字数是4096字，这相当于马拉松比赛的里程碑，当你写完一篇，你就会感觉到完成了一个小目标的喜悦。

写作途中，我总共上了两次卫生间，写了两个小时。7

点，我吃了一片面包，然后继续写。等我完成了目标，再一抬头，发现已经过去3个小时了，这让我感觉时间过得很快，心里很充实。

3.写作马拉松的意义

写作马拉松对我来说，最大的意义就是帮助我捕捉到灵感。

它跟马拉松运动一样，可以清空大脑。当你尝试把脑海里全部的想法、思绪都写出来时，你会发现在写作的过程中，会不停地有灵感一闪而过。我们一定要及时捕捉这些灵感。

其实，这些灵感一直都储存在你的脑海里，只不过现在，我们是通过这种特殊的写作方式，把覆盖在灵感这个大宝石上的灰尘、杂物都清扫干净了。于是，你就能很清楚地发现，什么想法是对你有用的。

把灵感记录下来，相当于把宝石嵌入一个精美的容器中，它放在了你脑海里一个重要的位置上了，你更容易看见它，关注到它，于是就有了下一步行动。

4.完成比赛后的感受

我人生第一次写作马拉松，时长2小时55分，写了21933字。

当我第一次完成人生中的首次跑步马拉松比赛，拿到奖牌时，我心中充满喜悦，只觉得：全世界我最棒，请叫我第一名！

而当我完成了人生中的第一个写作马拉松时，虽然没有实体的奖牌，但我大脑无比畅快，我感觉自己还可以写更多！这种把脑袋里各种想法全部写出来的感觉，是一种舒展的喜悦。我能清晰地感觉到，我脑袋里杂乱的垃圾都被清理干净了，并且，我发现了很多灵感。这些灵感，就是我完成比赛的奖牌。

顺流生长，筑造美好的人生

训练营于我而言，是一个非常神奇的存在，它能让我挖掘出自己的内在力量，点亮我的内心，让我从内而外散发出光芒。训练营的16字箴言是"清空大脑、总结反思、捕捉灵感、影响今天"。我在行动的过程中，慢慢地体会到了这16个字强大的底层逻辑，并且通过这个逻辑，一点一点地筑造起了自己的美好人生。

1.我与训练营的渊源

2016年10月底，我参加了一个写作团，每天要完成500字的"我手写我心"作业。这个训练很好地锻炼了我的思维能力和写作能力。

2016年11月初，树丰老师第一期训练营开始后，我第一个报名。我认为好机会要先抓住，然后再思考。事实证明我的选择是正确的。

我挑战了4次2万多字的马拉松，2017年的1月和2月我总共完成了20多万字的语音写作训练，完成了5万多字的复盘。

可能有人会觉得，数字并不能说明什么，但是我从我的照片，从我现在看问题的思考方式，从我呈现出来的状态，可以特别明显地感受到，自己正在拔节成长，我正在自己的"顺流"里闪耀。

2.与家人互相温暖

我在春节期间参加了训练营第三期，这一期带给我最大的感受是，回到家乡、连接家族、回归家庭，与家人互相温暖。

2017年的春节假期，我搜集了父母两边的亲戚关系的资料，做出了家谱。然后，我尝试着去联系家族的每一个人，他们都迅速接纳了我，对我非常温柔，这真的超出了我的预期。我以为大家比较少来往，我又常年不在老家，他

们会排斥我，但事实上是我想太多了。

我重新审视了自己对爱与不爱的理解，明白对家族系统，我们要学会用爱接纳、用爱谅解、用爱构建。虽然父母曾令我伤心，但唯有真正地从心底去原谅和接纳过去的伤害，我们才能变得更好。

我的父母和妹妹都很爱我，我的家族里每一个亲戚都很爱我，我也很爱他们。我从家族、家庭里获取到的成长力量，比我去学任何课程带来的意义更加长远。我也坚定地把家庭放在第一位，学会与家人互相温暖。

3.告别过去，重塑新生

参加第四期训练时，我完成了两个训练营马拉松挑战。一个是告别过去，一个是重塑新生。

第四期的课题是承接第三期，从告别过去的伤痛开始。堆积的情绪，曾经让我们心灵受伤的事件……往往会让我们深陷泥沼。所以树丰老师说："过往不念，当时不杂，未来不迎。把那些阴暗的记忆拿出来，放在阳光下晒一晒，让风吹一下霉味。然后擦干净上面的灰尘，这些记忆也会成为自己人生中一颗璀璨的黑色宝石。"

因为我有第三期的基础，所以第四期完成得比较顺利，没有什么特别揪心的地方。

在重塑新生的那一周，我重新把人生的梦想清单拿出来检视了一遍。每一个梦想，现在依然会让我有所触动。

当我想象梦想完成的那一刻，我是非常激动的。这些梦想，都是我自己想要实现的。

这份人生梦想清单，是我去年花了一个月的时间，和掌控小组的伙伴们一起探索完成的。

如今我在检视这份清单的过程中，发现自己想要实现的梦想并没有太大的变化。

不过让我惊喜的是，我发现相比以前，现在我的资源是无比充足的，所以我一点也不用担心自己的人生梦想会变成一场空想。我坚信，在我的人生旅程中，我能把这些梦想，一一实现。

4.探索自己的人生

第五期的训练更有趣。

第一天，老师就让我们追溯了最早的记忆；第二天，老师让我们画了自己心中的树；第三天，我们画了自己的自画像。

每天早上，我们都在对自己的内心、人生进行真正的探索，我仿佛打开了认知自己的新世界。接下来，我们花了一周的时间，制定了自己的人生原则。

在这个过程里，我深深感觉到，想要筑造自己的美好人生，不是一件容易的事情。

5.顺流在森林里成长

通过每天的训练营,我会收获很多碎片化的灵感,我把这些灵感运用到生活和工作中,能减轻不少压力。

这种训练帮助我打开了内心重重的枷锁,敲开了我的心扉,教会我用爱去温暖家人。

我找到自己的顺流方向,找到了顺其自然、舒展愉悦地向上生长的方式。

我懂得了独立不是孤立,依靠不是依赖。

我现在每一天的生活都不会很累,也没有很大的压力。这就是我喜欢的生活状态,我相信你也可以做到。

认真活着,是一件很酷的事

我一直觉得,认真活着,是一件很酷的事情。所以,我现在活得也越来越认真了,向自律高手们学习。

如果我们能够多一点儿自律,认真对待生活,生活也会认真回馈你。以下是我认真活着的一些"证据",根据这些,你也可以做一些证明自己认真活着的事情。你会发现,生命会因为你的认真而变得与众不同。

1.一年写200万字

当我决定一年写200万字时，心里觉得好难。但写200万字，仅仅是我的一个标准而已。这个数字背后的意义，就像是火车头，是引领自己前进的动力，它能帮助我发掘自己的内在驱动力。

我不想让这个数字变成一种束缚，如果是为了做而做，我就会很快失去热情，会为了自己定的这个目标，应付性地去做这件事。

树丰老师刚开始指导我用语音写作时，他给我列任务，每一条任务，我都觉得好难，简直没办法完成。

他说："容易的事情，我是不会让你做的，要做就做对你来说有一点儿难度、但是可以达成的任务。我可以做到的，你也可以做到。"

因为每天的任务都很艰巨，所以对我来说每天都是挑战。不努力加油，我的目标就无法完成。

这200万字代表的不仅是字数那么简单，还包括了时间管理、精力管理、输入与输出管理，等等。

决定一年写200万字是很酷，更酷的是最终我完成了300万字。

2.做擅长且热爱的事

去做一些自己擅长的、而且也热爱的事情，这样人生

才不会纠结，不会内耗，才能过幸福快乐的一生。

自身的优势也是一种能力，它可以为你带来财富和自由。相信大家都听过木桶理论，木桶能装多少水，是由最短的那块板决定的，但是把木桶倾斜过来装水，那么决定木桶能装多少水的，就变成了长板。因此，发展优势，管理劣势，扩大底板通用能力，加强整合能力，一样能让木桶装更多的水。

新木桶理论最重要的是要投资优势领域。投资非优势领域，是投资稳定增长的股票，这能让你活得不错。而投资优势领域，就等于投资拥有绝对优势的股票，这能让你走上财富之路。

什么是你的优势领域呢？需要你自己去挖掘，你擅长做什么，内心渴望什么？你一学就会，能从中得到满足感的事，就是你的优势领域。

别人觉得艰苦，自己却乐在其中的事，一接触就明显比其他人进步更快一些的领域，就是才干优势的信号。

3.向身边好友学习

默数身边的人和事，谁是让你觉得很酷的人？

他就像阳光，在你迷失方向时，能用强光指引你；在你春风得意时，能做你淡淡的背景；在你思路困惑时，能帮助你梳理现状，给你启发。这样的人既是精神领袖，又是知心好友，周身散发淡淡的金黄色，像早晨清透的太阳！

我身边就有这么一群好友，因为有他们相伴，我心生愉悦，充满希望。我也想要成为这样的人，于是在生活中、工作中向他们学习。

向你身边那些认真活着的好友学习吧，终有一天，你也会感觉到自己的生命充满愉悦和希望！

迎接挑战，冲向喜悦的终点

我喜欢接受各种各样了不起的挑战，其中，最让我兴奋的记录就是我花了 11 个小时环巢湖骑行了 165 千米。

每当遇见特别难的事情时，我再看看这个记录，想起自己曾经面对的挑战，就会瞬间充满信心，继续向前。

完成一个目标，关注点应该是在目标本身上，而不是谁陪你完成这个目标。比如，我非常想环湖骑行，我希望能和我爱的人一起去完成。但这个假设很有问题，因为如果我是想和我爱的人一起去完成的话，这个关注点应该是在"人的关系"上，重点要考虑对方的感受。那么，能不能完成反倒成了次要的事，毕竟我的主要目的是完成环湖骑行。

实际情况是谁和我一起去无所谓，但我一定要完成这

个目标。

在环湖骑行的过程中，出现了侧逆风，我感觉自己都要被吹得飘起来了，所幸最后我还是完成了骑行。完成之后，我觉得克服困难达成目标的自己简直太酷了！

这趟骑行，虽然过程中遇到了很多困难，但我依旧充满喜悦，所以最后到达终点时，我才会那么兴奋、开心。

我们不可能经由一个没有喜悦的旅程，而达到一个喜悦的终点。

因为我们已经知道结果是会令我们喜悦的，所以在这条路上我们会走得更加笃定而踏实。

对这个世界充满热情与好奇

要做一个热爱生活的人，对世界充满热情与好奇，才能有自己的生活感悟。我们可以去看更多的风景，去更远的世界和拥抱更广阔的天空。这样，我们的眼界会高很多，认知的边界也会广很多。

1.人一生的梦想

最早接触梦想这个词是在幼儿园，老师会问："你的梦想是什么？长大想成为一个什么样的人？"

大家会回答，自己想当科学家、宇航员、医生、老师……小朋友们的回答总是那么有激情、有活力。

现在当别人问我们："你的梦想是什么？"一般得到的回答是："作为成年人，你能现实一点吗？"

是呀，成年人要买房、买车，还房贷、还车贷，每天工作12个小时，哪里还有什么梦想？

但是，作为一个普通人，梦想的意义，就像是黑暗中的一盏灯，指引你不停地向前。

如果你能够清晰地描述你的梦想，它就越容易被实现。你心中越清楚明白自己的梦想是什么，就越能脚踏实地走好当下的每一步，过好自己这短暂的一生。

2.我的一些梦想

我有一些小梦想，正是这些梦想支撑着我认真、努力地生活，一步一步朝未来走去。

我希望，我能有自己优秀的广告作品集。

我希望，我可以周游世界，去美丽的地方旅行，把所见所闻写成一本游记。为了帮助自己更好地完成这个梦想，我给自己定了一个又一个小目标。

先是完成环青海湖骑行,然后去跑世界马拉松,接着就开始欧亚铁路旅行……为此,我应朋友的邀约,去做了一个叫越野连的公众号,因为这件事情和我的这个梦想有关联,所以自己才会那么心动,一口答应。

我还喜欢摄影,所以我想去学习这个技能,然后在旅行的过程中,我可以用自己拍摄的照片,当游记的插图。为了提高摄影技术,我会去看一些作品,去找大学教我摄影的师兄沟通。

有时候我做PPT需要素材,就找了很多摄影网站的图,我把这些网站都整理归类了,这样做一来能提升自己的审美;二来能作为我的PPT素材。

我希望自己的英语水平能提高,然后自己翻译一本书。但是提高英语水平这个梦想,暂时被我往后延了。它被我放在了人生的时间轴上稍后一点儿的位置,人生很长,这个梦想先放着。不过,我为这个梦想留一个位置,偶尔来看下,提醒自己不要忘记。

我希望能有一套属于自己的温馨房子。不过买房对我来说,并不会太难。

我希望能成立自己的书法品牌或者工作室。书法可以静心,练书法能让自己变得沉静和专注。我从练书法这件事情中学到的道理,可以延展到我人生的各个方面。

妈妈和朋友在我刚开始练书法时,总是对我说练这个没有用,但因为我很喜欢书法,就坚持下来了。只要是自

己喜欢的事，就一定要坚定信念。现在我的字写好了，他们就不再打击我，而是赞赏有加。

不过，书法是一件需要花时间和精力去做、但是成效很慢的事情。这也让我知道了，学其他的知识，也是一样的，这样我在学其他东西时，就会变得更有耐心了。

梦想的绝配不是才华，而是持久的激情。当你有了梦想和愿景，你就会跳出当下的狭隘，用一个更高的视角审视一切。你会变得享受生活，更有耐心，胸怀也会变得更加宽广，从而会更心甘情愿地去做好当下的每一件事。久而久之，你就会对这个世界充满热情与好奇以及深深的爱。

努力需要正确的方法和方向

很多人认为自己生来就一定要努力，一定要拼搏，一定要承担起家庭、工作的责任。其实，未必如此，你无须把自己逼迫得那么累、那么紧。松弛下来，自己开心地过好每一天，开心地过好每时每刻，反而收获更多。

1.努力，不如自律

人生在世，未必一定要非常努力，才能过好生活。你

不需要逼迫着自己去努力,你所需要做的是自律。

每天都自觉地去做你自己应该去做的事情,做一些关键的事情、正确的事情,想清楚了再做。做的过程中把事情的每一步做正确,做到极致,反而会得到更多。比如自觉地健身,自觉地早睡,自觉地去看书、学习、写作,自觉地践行今日事今日毕……这样你的生活效率提高了,压力也减轻了。

2.我们要正确地拼搏

很多人盲目地去拼搏,最后什么也没有得到。在拼搏之前,你需要知道这个世界的客观规律是什么? 这个世界的需求是什么?

首先,当然是先要满足自己,然后才能去满足其他人。

如果你的拼搏没有成果,那么不管对你来说,还是对别人来说,都是没有价值的,是无用的拼搏,是低水平的勤奋。

你不需要用尽全力去拼搏,拼坏了身体,拼到没有时间睡觉,拼到没有时间好好陪伴家人,拼到没办法认认真真去思考自己的人生,拼到让自己产生无止境的负面情绪,是非常得不偿失的。

3.你的责任是做好自己

其实，人真的不必承担太过沉重的责任。因为，每一个人来到这个世界上，都有他自己的人生任务。我们所需要做的就是好好地做好自己，完成自己应该完成的任务，如果承担得太多，你的天赋就会被压抑。人生在世，能把自己的生活过好，照顾好自己就已经非常不容易了。

在家庭里，责任没有绝对的界限，但是你要知道自己的边界是什么，知道自己在家庭中的排序、位置是非常重要的。比如，如果你在母亲的位置上，你就要扮演好母亲的角色。

在工作当中也需要承担起你所在职位的责任，如果你做得更多，说明你能力更强，这样升职加薪也是必然。但如果你没有能力去完成更多的工作任务，你也无须强迫自己承担那些责任，你只要做好自己的本职工作就可以了。

我也是经历了很多后，才有了这样的理解，如果我没有经历过一味地去努力、拼搏、承担责任这个过程，我也不会有这些深刻的感悟。

所以，听我一句劝，不要再盲目地向前冲了，是时候看看身边的风景，关注一下身边的人了。

勇于选择，也要勇于负责

人生道路上，选择很多，比选择更重要的是价值观。君子有所为，有所不为，坚持和放弃同样重要。坚持不易，放弃也难。

我们要先把手头上的工作做到最好，才有资格去选择更多、更好的东西。

选择的资本有两个，一个是基于价值观，一个是积累要足够。

我们在选择时，首先要具有一定的能力。另外，需要有一套方法论，最重要的还是你的价值观。

在人生道路的分岔口时，我们看似是在选择走哪条路，事实上却是在检验我们的价值观。这就很考验我们的洞察力，看我们是否能把握机遇。

有时候，我们也会遇到没有选择余地的人生阶段。遇到挫折时，只能不认输、不投降，才会有出路。

等你走出低谷，你就会进入被命运选择的人生阶段。

这时，你要下笨功夫，认真对待每一个机会。

当你面临有得有失的情况时，才叫选择，如果你面临的情况，是走向更好的道路，还是留在原地，那不叫选择，那叫决定。

选择考验的是洞察力和经验积累，选择之前的思考比行动更重要。没有一个选择是容易的，我们要为自己的选择负责，不要把自己置于一个没有选择的境地。

有人爱、有事做、有所期待

我反复强调人生梦想，是因为梦想是支撑大部分人热爱生活、憧憬未来的东西。拥有梦想还不足够，我们要做好规划，认真思考如何实现梦想。试着从自己喜欢的人事物、想要获得的成就出发，想象一些美好的场景，然后思考、践行，终有一天，你的梦想就会实现。

1.畅想未来

我希望未来能有自己的房子，有自己的个人品牌，有自己和谐的家庭，能跑世界级的马拉松，有自己的广告作品集，能翻译一本书，并且实现财富自由，成为能帮助他人的导师。

我为自己画了一个未来时间轴，督促自己每个时期，应该做什么事。

未来3个月，额外收入达到5000元，微信公众号激活

原创标识,找到自己写作的方向。

未来6个月,提高PPT制作水平。

未来9个月,写作150万字,赚回学费。

未来1年,有自己的个人品牌,完成核心目标。

未来2年,有自己的广告作品集,写自己的第一本畅销书,当马拉松"兔子"。

未来3年,有自己的房子,和谐的家庭,有自己的宝宝。

未来4年,实现财富自由,年收入100万,参加芳姐的40岁生日派对,送她书法作品。

未来5年,参加世界级的马拉松赛事。

未来10年,翻译一本书,拥有外语交流能力。

如今我已经实现自己出书的梦想,你也可以写下你的梦想时间轴,带着期待奔向未来。

2.勇于追求

空间带来的安全感会比物品带来的安全感更大,现在的房子动辄几万元一平方米,如果都用来堆放廉价、糟糕的物品多么浪费。所以,我们一定要把优质、精良的物品筛选出来,其余的能扔则扔,这样围绕在自己身边的都是好东西,人的心情也会愉悦很多。

我们一定要学会在自己的能力范围内,用好的东西。

每个人都有自己的物欲,在我看来,有一定的物欲,

是一件很好的事情，因为它会激励着你不断地向前进步，让你有动力去赚更多的钱。所以，承认自己的物欲，勇于追求，不是什么不好的事情。

世界的好物太多，如何很好地利用自己的物欲，而不被物欲熏昏了头脑，也是一件值得思考的事情，其中包含着很多人生智慧。

我之前看过一本书，里面对于"嫉妒"这个词语的解释是：不认为这个世界的资源是无限的，所以才会嫉妒。实际上，大自然非常的富饶。所以，你要相信资源是无穷无尽的，只要你想拥有，通过努力，你就能得到。

勇于追求，买好物，更幸福！

第三章

欣于所遇，万物过手皆是深情

【章导读】

林糊糊说:"万物过手,皆是深情。"

人与物品的关系,就是"欣于所遇,暂得于己"的郑重和尽兴。不管是人与物品,还是人与人,相处的时间是长还是短,皆是深情。

世间没有永恒的不分离,物品也没有永远的拥有者。正是因为如此,在那段或长或短相处的时间中,才更容易产生深情。

万物过手，皆是深情

早上，我在小区里晨跑。

原本这个小区，我已经走过了好几遍，但还是发现了一些我没有去过的地方。我在一个小花坛旁边，看见一个阿姨在拔草。我跟她打了招呼，问了好，然后她就像献宝的小朋友一样，跟我说："你看，这棵树旁边的南瓜是我种的，这里结了一个小南瓜。"

我抬头找了半天，原来是一根小藤子上，长了四五个小南瓜。然后，阿姨笑眯眯地跟我说："好玩吧！"

我顿时就被她折服了，原来种点小东西，这么有趣味。

我绕了小花坛一圈，就问她："这些都是你种的？"

她说："是啊，我今年已经收获了三个大冬瓜。这个南瓜的架子都是我搭的，我喜欢弄这些。"

我指着花坛里的植物问她："这是什么？"

她说："这是人参。"

我目瞪口呆，这个阿姨居然连人参都种得那么好。我就问："什么时候才能长出人参来啊？"

她说："人参长得可慢了，我种了5年，它才长一点点

根。我种人参主要拿,叶子来熬汤喝。"

见她为这些植物付出那么多心血,我就问她:"如果你这些南瓜,被人摘去了怎么办?"

她说:"被别人摘掉就摘掉了啊,大不了重新种。"

她豁达的态度又一次震惊了我,我原以为,她这么珍惜这些南瓜果实,如果有人摘了她的南瓜,她一定会生气,想不到她却这么大度。

这个阿姨真的很可爱,而且身体好,满怀热情、热爱生活。我要学习她这样的胸怀和热情,变得主动、积极。

我在这个小区生活了5年,一直在走自己熟悉的路,可只要我稍微用心观察,就会发现奇妙的不同。

这个小区是合肥最早的商品房小区,1993年竣工,至今差不多25年了。当时有能力在这里买房的人,大多数是比较有钱的人。但是随着时间的推移,房子老化,这里住的人家也越来越杂。

我特别喜欢看一楼的院子,一下子就可以看得出来,这些人家的生活品质如何。有些人家的院子弄得特别漂亮、干净、整洁,有些人家的院子就很乱。

今天早上,我看见一个院子,真的好漂亮。院子里有石凳、小桌子,还养了一缸小鱼和荷花,门口也种了一些玫瑰做篱笆。我就想着,这户的关系人家肯定非常和谐,下次我要找个机会,认识一下这户人家。

能把一颗南瓜种好的人,能把院子收拾得非常漂亮的

人，都是热爱生活、充满热情的人，他们都是我的榜样。人间百态，就算过诗意生活，也有不同方式。

断舍离，人生整理术

3年前，女神大隐推荐了《断舍离》和《怦然心动的人生整理魔法》这两本书给我看。同时，Panda推荐日剧《我家空无一物》给我看。

这些都很棒，看完《断舍离》之后，我把我自己家里至少四分之一不用的物品都扔掉了，而《怦然心动的人生整理魔法》这本书最主要阐述的是"整理术"。这本书教会我的观点是，在你的生活中，如果遇到两个相似的物品，就只留下令自己怦然心动的那一件。《我家空无一物》这部电视剧更夸张，女主扔东西扔到了一个"变态"的地步，非常有趣，很有借鉴意义。

1.断舍离的含义

断舍离的含义是：断绝不需要的东西，舍弃多余的废物，脱离对物品的执着。

对很多人来说，断舍离是很困难的。我的母亲就是典型，任何物品她都舍不得扔，其他家庭成员扔一件小东西，

她都会生气很久。然而,想让家里整洁幸福,干净舒畅,最重要的就是定期扔东西。

其实,从实际操作上来看,顺序是"舍、断、离"。

首先第一步是"舍",舍弃废物。

把自己的物品全部摆出来,进行分类,将多余的、没用的东西全部扔掉。

第二步是"断",断绝不需要的物品。

每个人的家就像一个蓄水池,空间有限。在扔掉东西以后,要拧紧"进水口",也就是物品进入到家中的筛选标准要提高。

最后一步就是"离",脱离对物品的执念。

这个要慢慢来,不着急,一下子肯定是改变不了那么多的。凡是人,对物品都有一定的执念。

舍不得扔东西,有两种情形。

第一种是囤了很多以前常用的,但是现在已经用不上的东西。

这类是舍不得过去,导致不用的东西占满了你所有的空间,廉价的次品填满了你生活的全部。如果不把这些东西处理掉,那些你喜欢的新物品是进不来的。

第二种是总觉得这件东西,以后会有用得上的地方。

这类是没有安全感,盲目担忧未来。其实,在物质无比充沛的当下,即使将来某天真的需要用某件东西,也很

容易找到替代的方案。总想着以后能用上，等到真正要用时，可能你选择的往往是另外一个方案，因为这个物品早就不知道被你放到哪个角落里，再也找不到了。

每个人都应该活在当下，你身边的物品也应该是为你的当下服务的。"需要、合适、舒服"这三个词语可以让你从错位中跳脱出来，让你更愉悦地活在当下。

2.心灵整理术

我更愿意把断舍离当成一种心灵整理术，这样一项技能并不是一蹴而就的，而是要一点点地去练习的。比如我看完《断舍离》之后，第一次扔掉了很多东西。过一段时间再来一次断舍离，我们就会更清楚地知道哪些是自己想要的，哪些不是。

在物欲横流的现代社会中，减少物品、舒适生活是一项挺重要的能力。能对住处进行大刀阔斧的改变、洒脱舍弃的人一般都拥有非常强大的气场。他们对物品没有执念，在任何地方、任何时刻都有能力生活得很好。

"断舍离"的概念也非常适用于现在这个知识爆炸的时代，知识跟物品一样，也是需要清理的。知识囤积过多容易得"知识消化不良症"，从而变得无比焦虑，就像陷入知识垃圾场一样。

拥有独立的知识体系的人，对于囤课、囤书是没有执念的。每一个知识技能就像是他"断舍离"整理过后的家

中物品一样,可以随时调用,随时归类。这算是"断舍离"的高级阶段了,我们应该努力往这个方向靠拢。

3.断舍离技能

《我家空无一物》这部电视剧里面阐述的断舍离方法都非常实用,我们可以直接借鉴。心灵的整理要慢慢来,但在扔东西的路上要勇往直前,只要突破了心理障碍,扔东西就没障碍了。

电视剧一开始,女主搬入新家时,定下了四条规矩。

规矩1:把东西放在方便使用的地方。

规矩2:不在公共区域放置私人物品。

规矩3:定期对物品分类。

规矩4:尽量不添东西。

对于无法扔东西的,剧中说出了五种方法。

第一种,同色等间距法。

按照物品的颜色,分别以相同间距分开放置。最好是分成三种颜色,这样有助于分类。有图案、花纹的物品,会造成视觉混乱,尽量不要用。

第二种,推进式代替法。

赋予物品第二个使用方法。把喜欢的东西转作他用,把不喜欢的东西扔掉。

第三种,一物两用重复用法。

考虑一物两用，减少物品。

第四种，时间限定和远距离法。

扔东西找不到合适的时机？

藏起来一段时间不去理会，通过这样的方法测量出对物品的需求度，在此期间一次也没有想起来要用的物品，就可以判定它是需求度低，可以扔的物品。

第五种，物品所在地确认法。

整理之后马上又乱了怎么办？给每个物品规定好场所，用完之后物归原处。

这五种方法非常实用，大家不妨试一试。

4.进阶断舍离

人与人之间也和物品一样，保持距离就是分开了。物品也好人也好，离别时，重要的是要干脆，要狠下心舍弃。

当我们买东西时，必须买一件扔一件，这样才会珍惜现在拥有的东西，尽可能长久地与相遇的人和物交往，我们要以只拿一个旅行包去旅行的心态选物品。

很多人买了新东西舍不得用，然而，珍惜到舍不得用是错误的，喜欢的物品就要物尽其用。

在现实生活中，我认识了兰德姐姐，她是我的榜样。她把原来三室的房子打通，只保留一个卧室。整个空间就变成了一个超级大的客厅，开放的厨房、宽大的学习台、可

以运动的空间等，她都拥有了，她把她的家布置成了她想要的样子。

我也要把我的家布置成我最想要的样子，相信不久的将来，我想要的都会拥有。只要下定决心，你也一样，与你共勉。

驾驭潮流，值得赞美

双十一，原本是光棍节，现在却变成了购物狂欢节。马云创造了一个节日，这个节日现在变成了全国人民的狂欢日，我想未来很快也会变成全世界的一个狂欢日。

其实，我不太喜欢凑热闹，所以双十一也跟平常一样，不会增加额外的消费。我现在会去买一些贵的、好的东西，不会花很多的时间精力去找打折的商品。贵的、精致的东西，虽然在你买的时候，价格比较高，但就使用时长来说，是比廉价的物品更值得买的。

我有一辆挺贵的自行车，它陪我走了太多的地方，我将它命名为"爱妃"。质量、外形都非常好，是我的最爱。

如果我买的是一辆廉价的自行车，可能我就不会那么珍惜它。

还有雨伞，我以前经常是买一把雨伞，就丢一把雨伞，后来我有了一把很贵的伞，它有非常漂亮的樱花图案。这把伞我已经用了三年多，日常保养都很珍惜，用完就会把它折好。

偶尔，我在朋友圈看到有人说自己的伞又丢了，我就评论说："你去买一把贵但漂亮的伞，这样就不会弄丢了。就像我的'爱妃'自行车一样，我甚至没有买锁，就把自行车当成我的随身用品，跟我的包包是一样的，一直在我的视线范围内，所以不会丢。"

因为令你怦然心动的物品，你自己会珍惜，而且，贵的、好的东西，你自己用起来也会非常舒心。

就如同我说过的，人与物品的关系，就是"欣于所遇，暂得于己"的郑重和尽兴。不管是人与物品，还是人与人，相处的时间是长还是短，皆是深情。好的、贵的、使用寿命长的东西，这份深情就会更深一些。

因为热爱，所以坚持

花时间去做心甘情愿、乐在其中的事，无论结果是损失什么还是获得什么都是我愿意的。当然，热爱是前提，正是因为爱，才有热情和活力。

1.如果你喜欢

所有的坚持都是因为热爱,如果你喜欢书法,就会去寻找好的老师,就会在平时生活中注意搜集关于书法的教程,会很认真地练习精进,会去买特别好用的笔墨纸砚。能找到自己坚持下来的乐趣就是热爱。

如果你喜欢美食,就会为了一口美食,驱车几百千米,花费几个小时,你都觉得值得;你会去研究一道菜,从食材到餐桌需要经过怎样的火候、调味以及时间的酝酿;你会不辞辛苦地在最好的时节,去挑选最好的食材,想到美味,在梦里都会流口水。

如果你喜欢跑步、健身,你就会心甘情愿地跑3千米、5千米、10千米、半马;你会制定严密的训练计划,严格控制饮食;你会去买专业的运动装备,寻找教练;你会找到和你有同样爱好的小伙伴,一起精进;你也会变成一名专业的达人,告诉大家跑步可以让自己从生活工作的压力中,暂时解放出来。

这种持续不断、慢慢进阶的过程是可以复制到其他领域的。

2.热爱驱动前进

真正的事业不需要坚持,真正的理想谈不上忍耐。

和爱情一样,能坚持下去而不是忍耐的都是因为爱,

有爱才会心甘情愿。你会为了爱而愿意付出，愿意牺牲自己，并且还很享受这样一个付出努力的过程。

我们也会听到或者看到很多这样的故事，比如《肖生克的救赎》里，身体瘦弱的主人公安迪，在肖生克监狱里这个复杂的环境中，不仅生存了下来，而且还活得好好的。是对自由的渴望和热爱，仍促使他朝着心中的希望和目标前进。

怎样才能确定自己是否热爱呢？当你在做这件事时，你会想着不必在意这一朝一夕的得失，也不必在意一城一池的得失，而是拉长时间轴去看自己的改变和进步。在面对艰难黑暗时，热爱就像是金钟罩和铁布衫，给自己一个防护的"结界"，让自己能继续勇敢地前行。

真正的事业不需要坚持，真正的理想谈不上忍耐，这一切都是因为热爱！

好好吃，每天都开心

吃货才是最简单、最容易幸福的人。我喜欢在家里做各种好吃的，我的冰箱里、厨房的料理台上，已经被各种调料、食材堆满了。我喜欢看各种菜谱，还会挑一些简单的做出来，味道也都还不错。动手做饭是一件有趣的事，在

紧张工作、看书、写字、学习后，可以通过动手做饭，让脑子休息一下。

食物带来的满足感，是热乎乎的、最真切的、能直接填满胃、填满心里的。

蒋勋在《生活美学》中说道："所有生活的美学旨在抵抗一个字——忙。"

他的《品味之美》《生活美学》，也是教大家从好好吃饭开始，把每一刻的品质过得再高一点儿，就是热爱生活，爱自己。

对于食物也要全情投入，匆匆忙忙吃一顿饭的你，不会去爱你的生活；可是如果用心去准备、享用一顿饭，你会爱你的生活，因为你觉得你为生活花过时间、花过心血，你为它准备过。不要应付式地胡乱填饱肚子，而要认认真真地把当下的每一顿饭吃好。

好好吃饭，是为了留给自己一点儿空间，不过，这意思并不是要求你每天都如此。最好是在周末时，给自己留一点儿时间，好好犒劳自己的胃，犒劳下自己已经被外卖麻木的舌头。

从我们周围去发现吃的品质，呼朋引伴一起享受美食，也是生活里品鉴美的重要开始。和吃货一起吃饭，看着对方吃得津津有味的样子，也是一种幸福。

相信自己，赢得挑战

2018年3月，我报名了5月21日上海站斯巴达勇士赛，比赛的要求是跑完6千米穿越22个障碍。从我报名，到勇士赛开始，不到40天的时间，因此，我要抓紧时间训练。于是，我去了AP体能训练工作室，参加了斯巴达专项训练营。经过一个半小时的训练，我全身酸痛，枉我一直自诩为"健身达人"，可能我是个假的"健身达人"吧。

斯巴达勇士赛对上肢力量要求比较高，所以教练让我们做引体向上。40个引体向上，分4组，每组10个。引体向上是利用自身力量克服自身重量的悬垂力量练习，锻炼的是背部和手臂的肌肉力量。

我平时更多的是跑步、骑车、做瑜伽，引体向上从来没有做过。有时候，我看军旅题材的电视剧，兵哥哥们光着膀子做引体向上，真是非常帅！可是，难道我一介弱女子，也要做吗？

我觉得自己无法完成，心有余而力不足，能挂上去坚持一会儿就不错了，还"向上"？不可能完成。我的内心是崩溃的。

在我正准备退缩，放弃这一项时，教练拿出了弹力带，拴在铁杠上。

他对所有参加训练的小伙伴说："你们自身的重量是

50千克左右，只能承受30千克左右的重量，那么就需要用辅助工具，帮助你们标准地完成这个动作，从而达到训练的效果。"

他挑了一个姑娘做示范，让她将腿踩在弹力带上。等她悬挂好身体之后，教练托住她的双腿，帮助她"向上"。虽然她还是比较吃力，但顺利地完成了10个引体向上。

教练继续说："这次训练你能承受30千克，下一次再进步一点点，能承受40千克，第三次，你就可以承受自己身体的重量了。循序渐进，慢慢来。"

说完知识点，他拍了下手，喊道："勇士们，开始吧！"

我和另外两个姑娘组成了一个小团队，轮流帮助彼此，共同挑战40个引体向上。每次做到第六个，我就已经累得不行了。她们就在下面大声地喊口号："7，8，9……还有最后一个，加油！"

这也让我想到了我一直学习的目标管理，如果把目标设定得太高，自己完不成就很容易放弃，放弃之后，再捡起来就更难了。但是目标设定了之后，又必须要完成，怎么办呢？这时，就需要我们去寻求资源工具辅助支持，需要去寻求共频的同伴的力量鼓励。

引体向上，这一个普通的健身动作，有弹力带辅助，原本艰难的动作，就变得每个人都可以完成，完成一组之后也会越来越有信心。另外有同伴的鼓励和支持，更是如有神助！

当然,这件小事中,还有一个非常关键的角色:教练,他设定了一个需要你付出努力、勇于挑战、才能达到的目标,然后在旁边指导你动作的标准性,以防学员受伤。所以总结一下,目标管理有三个法宝:"教练""辅助资源"和"同伴的力量"。

后来,我们三个"弱女子"都完成了40个引体向上的挑战。我们相视一笑,拍拍彼此的肩膀,互相夸奖。

我们真的都挺棒的!

失而复得的行李箱

有一天晚上,因为一件小事,小Y跟别人多吵了一句,她没有想到,第二天,藏在心里的一点儿小情绪,会演变到不可收拾的地步。

为了赶早班的高铁回家,小Y早早就打车去了高铁站。没想到,车一到,小Y发现,车上坐了另一个人。小Y虽然有点儿不快,但忍住了。心里想着,也许出租车司机只是捎带个顺路的人吧,司机也不容易,就算了。

结果事情超出了她的预期。

司机为了送那个搭车的人,绕了好大一个圈子,费了

不少时间。小Y忍住了，但是心里不免有怨气，我打的车，我付的钱，你为了挣多一份钱，捎带了其他人，影响了我的行程，居然一声招呼也不打，像话吗？

小Y原本是个谦让有礼的姑娘，碰到这样的事情，也忍不住发作了几句。

真倒霉，怎么让我碰上这样的事情呢？下次看到这样捎人的车坚决不坐了！小Y愤愤不平地在心里和自己说。就这样，她气鼓鼓地下了车，进了站。结果发现，糟糕！车后面的行李呢？忘了拿了！她的脑袋瞬间嗡嗡作响。再一看时间，高铁出发的时间也马上就到了。

她顿时感到十分委屈，好不容易回一趟家，为什么这么多波折？明明早上特意起早留了时间，为什么会变成这样子？

一时间，内心对自己的负面评价如潮水般涌了过来。

怎么办？到底是放弃行李就此上车，还是放弃行程去找行李？小Y想了想，箱子里有换洗衣服，有想看的书，还有带给妹妹、带给朋友的礼物。虽然都不贵重，但丢了就很可惜。她在心里斗争了一阵，实在不甘心就这样放弃，还是想试试能不能找回箱子。

她走到站外，先找到一个同公司的出租车，问司机要了公司电话，可打不通。旁边执勤的特勤看她焦急的样子，提醒她有没有打车票。可是刚刚出租车司机没给，所以不知道车牌。还是特勤好心，提醒她附近有监控，可以去监

控室调监控。他呼了另一个特勤帮她，带她去了监控室。

　　时间太早，监控室的人还没上班，接待小Y的警官提醒她，可以先去改签，反正赶不上这班高铁了，改签完可以安安心心地找。于是，小Y又跑去售票窗口改签。改签完，值班的警官们已经通过监控顺利地找到了出租车的车牌。根据车牌号，警官打电话帮她顺利地找到了司机，并嘱咐司机送过来。

　　至此，小Y的"行李箱丢失记"终于得以画上句号。

　　到底这一切是怎么发生的呢？在等下一班高铁时，小Y终于定下心来好好反思过往的一切。

　　因为前一天，为琐事烦恼，小Y没有带着好心情入眠，早上又想着要起早，心情很是焦虑。留了大段的时间就是为了防止路上出差错，结果真的遇到无良的捎人司机，惹得好脾气的小Y也忍不住跟人拌起嘴来。跟人争执的感觉并不好，小Y一肚子情绪，很想发泄，又不知道怎么发泄，完全沉浸在情绪里了。她一心想着快点儿离开这种无良的司机，以后再也不坐这种车了，结果就把后备箱的行李给忘了。

　　有一个故事叫"踢猫效应"，很有趣。一个男人在公司受到了老板的批评，回到家就跟妻子吵架。妻子憋了一肚子火，她看到孩子不乖，就把孩子臭骂了一顿。孩子受了气很窝火，看到沙发边的猫，心生厌恶踢了它一脚。猫"喵呜"一声逃窜到街上，正好一辆车经过，司机为了避让，

把路边的老板撞伤了。一点儿坏情绪，会像链条一样，快速地传染给别人，导致每个人的心情都变得糟糕，最终伤及自己。

其实，故事中的小Y，就是我。

在复盘整个过程时，我意识到，情绪有很大的裹挟力，会干扰人的注意力，大多数遗落、错判的情形都是在情绪激烈的情况下发生的。所以，一旦意识到自己有情绪，要迅速提醒自己跳离情绪，冷静地想想自己有没有忘事儿，是不是在做傻事？

情绪会互相激发和传递，我相信这场争执不单单影响了我，害我浪费了时间，也让司机忘记提醒我取行李，多跑这一趟，相信这也不是他愿意的。

其实，取完行李，记好车牌，再去投诉他，也没有损失，可是我在激动时就是想不到。

人在冷静时要做好思维编程，比如碰到自己意料不到的情况应该怎么应对？如何维护自身权益？

出行要养成记车牌、留凭证的习惯，处理行李前应该先改签再调监控。

虽然这次行程受到了影响，但吃一堑长一智，我也学到了不少东西。

所以，下一次，小Y知道了，要逮住那只被"踢"的猫，顺着它的毛，慢慢捋顺。

第四章

精进一门技能，交换一份自由

【章导读】

一个人的精力是有限的，要把有限的资源投放在最重要的人和最重要的事上。

因为我的精力没有聚焦，所以我感觉自己一直在学东西，却没有把价值转化出去，学到的东西也不能马上用起来，十分可惜。

可见，集中精力，精进一门手艺，交换一份自由，其实是一件很重要的事。

试着写一写个人年度成就总结

你的气质里，藏着你读过的书、看过的电影、跑过的路、行走过的地方，以及经历过的事件。

成就事件就是那些让你觉得自己很厉害、很有成就感的事件。正是因为这些小事，让我感觉自己并没有虚度我的30岁。这一年我很骄傲也很自豪，我的快乐、悲伤都是成长，都是我的财富。

我把自己的年度成就事件，分为身体、精神、财富、社交四大领域，并将它们列了出来。身体领域，这一年没有生病，依然喜欢健身。骑车更多，跑步少了。这一年，我知道了自己是"晨型人"，不再逼迫和勉强自己熬夜，调整生物钟，知道了除了苦练以外，养生和享受同样很重要。

精神领域，这一年最大的收获就是，认识到了自己的需求，知道了所有人、事、物应该是以我自己来展开的，让

我有勇气面对自己的伤痛,接受不完美但是真实的自己。

财富领域,这一年我进入了行业内最优秀的公司,和最优秀的伙伴做了同事,又有最好的领导对我表示支持,让我做最优秀的项目,但因为个人原因我离开了。现在,我依然觉得那一段时间的经历,在我的职业生涯中,是最好的一笔财富。如今,我开始尝试投资、理财,在个人资本还没积累到一定程度时,我觉得自己还是要把重心放在专业领域。

社交领域,回首这一年,我发出了很多光和热,温暖了家人、同事、朋友和伙伴。也正是因为他们的肯定,我才更觉得我这一年过得很有价值。

2018年我的个人成就事件有80项,这让我的心里充满了爱和温暖。如果你也想成为一个闪闪发光的姑娘,就试着花一点儿时间写下自己这一年的年度成就事件吧。

用系统去工作,而非个人魅力

很多人认为所谓的技能,就是唱歌、跳舞、演讲等需要经过学习的东西,其实懂得如何建立工作系统,也是一种技能。个人的魅力是有限的,而系统会比个人魅力更有活力和持久性。当一个人初入职场时,要做到让自己没有

办法被替代，到了这个层级了之后，再往上就是建立一个系统，让这个系统持续不断地工作，这时，自己就可以从中脱离出来。也就是说，当我们建立起一个良好的工作系统之后，我们就可以变得更加轻松。

1.用系统去工作

很多出来创业的老板，最应该调整的就是自己的工作状态。最开始时，你可以一个人天天出差，凡事亲力亲为，因为这时还没有很好的团队。可两三年过去，还是那样的状态，就肯定要从自己的身上找原因了。

作为老板，不应该是自己多厉害、多辛苦。而是要团队厉害，系统良好，老板只需要负责调兵遣将，利用资源，让这个系统转动起来就可以了。老板只需要偶尔看一眼，出纰漏时出面解决一下。

建立系统在前两年，也就是从0到1这个阶段是最辛苦，最需要磨合的。但是一旦建立起来了，运转良好，老板就会变得非常轻松。

2.如何脱离困境

处于一个困境之中，无论做什么选择都会很辛苦、很累，但是怎么样才能让自己从困境中跳脱出来呢？

首先，要对自己的未来有信心。

遇到困难时，可以想想未来，比如遇到的困难是关于金钱方面的，你很担心钱的问题，就可以想想未来。未来你花得多，赚的也会更多。任何时候你都不会饿死，车到山前必有路。遇到问题时，方法肯定比困难多。

其次，不要给自己和别人设限制。

给自己设限，就会认为自己很辛苦，很难完成这样的挑战，很难跨越困难期。但事实并不是这样，每个人都有无限的潜能，给自己设限，是给自己的背上又添加了一道枷锁。

那么，怎么才能做到不给别人设限呢？先思考一下，你所想象的样子，跟别人的实际情况是否相符？你觉得对方做不到，没有这个能力，会不会只是你脑海里想象出来而已？事实的真相是什么呢？

最后，去做最重要的事情。

分析、筛选出此时此刻最重要的事情，然后认认真真做好。而不是指做最简单的、容易重复的事情，把自己弄得很忙很辛苦。

按照这样的步骤来，就算没办法立刻解决目前的困境，也能摆脱心头的阴霾。

除了注重结果，更要注重过程

比赛时盯着球，不要一直盯着记分牌。

这句话是老板跟我说的，上周提报完，要根据甲方的意见修改报告。需要改文案、画面，增加一个案名备选，以及景观示范区的细节呈现。我一直不在状态，找了很多资料也没有融会贯通，直接把我认为还不错的案名和文案写好发给老板了。

昨天也是，周末结束了市场调查，我就把景观示范的部分修改了一下，直接发过去了。

老板看过之后，给我打了个电话说："不要为了完成任务而完成任务。首先，你要休息好。其次，要拿出你的状态来。比赛时盯着球，不要老盯着记分牌，你不需要对我负责，并不是交给我，你的工作任务就结束了。你需要融合到报告中去，把你的理解放到报告中，而不是浮在表面。盯着记分牌，看着压力，完成了任务，并不能出好的成果。"

于是，我又重新看了几遍报告，把我整理好的资料插入到报告中去。这个过程并没有花很多时间和精力，因为前期工作都已经准备好了，缺少的可能只是更用心地去理解报告罢了。

我对这件事情进行了反思，认为有两个地方做得不够好、不够到位。

第一个地方是我比较排斥这个报告。它不是按照我自己的思路写的,我也仅仅是打下手,做了几个部分的模块而已。整条线的逻辑结构我还没有融合理解,只是处于"知道"层面,还没有到"理解"的程度,更别提"运用"了。所以我只能按照我理解的层级,增加一些文案和资料,并没有去做大的修改。

第二个地方是我没有形成自己的经验,把一个完整的报告模式固定下来,这是平时的积累还不够。没有形成自己写报告的知识体系,所以没有概念和标准,这需要平时刻意去练习。

总之,我还是要加油,学会把状态调整起来。人总是要走到前面去冲锋陷阵的,唯唯诺诺是成长不了的。

妹妹昨天跟我说不想上班,想要辞职。我实在不知如何回复她。可能她现在怀孕了,还可以任性。

我问了她具体的原因,她说:"工作环境不自由,很压抑。老板就在后面坐着,还有摄像头。"

然后我就跟她说:"我怎么从来都没有不想上班的念头?我很喜欢上班,工作能让我快乐。其实工作本身就是奖赏,投入进去,让自己快乐。"

我开导妹妹说:"要么你就忍耐,毕竟老板给你发工资。他坐在你后面并不是他的问题,你要学会接受与协调自己的心理。如果你把事情都完成得很出色,就可以不必太在意他是否在后面监视。另外,你需要自己主动去创造

条件，可以直接跟老板说明你的需求，不然压抑着情绪，一旦爆发就会出现极端的后果。"

她听了之后，决定先按照我说的去做。

其实，跟她说的这些话，也是对我自己说的。我是否给自己创造了条件？我的一些需求是否能敞开来跟老板说？有时候，在职场中，女性要学会直接说明自己的需求，这样才能让对方明白你的追求。

学会培养配得上灵魂的好身体

保证良好的睡眠，保证合理的饮食，加上一定的健身，就能把自己的身体状况维持得很好。精力也会很旺盛，比较容易专注。

1.自律给我自我

我的朋友圈里，健身的姑娘和男孩挺多的。我特别佩服的有两个，一个是兰德姐姐，另一个是极致跑团的姑娘，她怀孕了还在坚持健身。兰德姐姐每天做的早餐非常精致、精美，她还请了私教协助自己健身。

另外一个怀孕的姑娘，除了每天做很精致的早餐，去

健身工作室健身,还去游泳。每个月她都为自己拍照,通过照片,我们能看见她的肚子一点点大起来,整个人的状态,就表明她也是一位热爱生活的人。

她们都是我的榜样,在纷繁复杂的生活中,告诉我,要更爱自己,要对身体好。怎么样才能对自己好呢?可能是每一顿饭都好好地吃,每次健身都认真对待。可能就是在米饭上撒下芝麻,鸡蛋羹上漂着的虾米,这样一点点的点缀,就让味觉丰富了起来,就让生活更美了起来。

我想,每天精致的早餐、每次的健身就是生活中的点缀吧。

2.学会管理情绪

身体这个东西,你怎么对待它,它就怎么回馈你,健康是最基本的保障。我去健身不仅仅是因为我喜欢,更重要的是它给了我健康的体魄,让我可以去闯生活,让我可以按照自己的想法去做。

一个成熟的人,需要有能力照顾好自己的身体、精神、财富和情感。而精神独立的标志就是,一个人能很好地管理自己的情绪。

管理情绪是一种能力,这种能力和会画画、会跳舞一样,是可以通过学习、练习掌握的。伏尔泰曾经说过:"一个人如果没有他那种年龄的神韵,那他就会有他那种年龄特定的种种不幸。"

学会培养配得上灵魂的好身体，自己有能力照顾好自己，才可以保持对生活的好奇心，探索美妙的世界，让自己修炼得更好。

3.红颜易老，只因流汗太少

当运动健身成为你生活的一部分时，就不在需要自律了。自律的成本非常低，因为这已经成为你生活习惯的一部分。只有拥有了健康的身体，才能更好地去享受这美好的世界。

好好吃饭，好好睡觉，好好健身，好好工作，这就是自律。

磨炼心性，学会欣赏书法之美

书法，是一种生活。曾国藩说："每日可仍临帖一百字，将浮躁处大加收敛。心以收敛而细，气以收敛而静。于字也有益，于身于家皆有益。"

1.恭敬的写字状态

蔡邕在《笔论》中说道："默坐静思，随意所适。言不

出口,气不盈息。沉密神采,如对至尊。则无不善矣。"

意思是,在练书法、写字时,应先静坐沉思,让意念随意释放,不说话,气息舒缓轻盈,收敛神采,如同面对非常尊敬的人,这样就不会写出不好的作品来。

每次练书法时,将自己的神采收敛起来,像对着一个自己非常尊敬的人一样,铺好毛毡,倒好墨汁,摆好纸张和镇尺,端正好坐姿。拿起笔,一笔一画写好每一个字。写着写着,慢慢地你就会感觉全世界都消失了,进入那种时空凝固、万物生长又寂静的状态。

通过写字,我会安静沉浸下来。借字磨心,练的是心性和耐心。这就是书法带给我的益处。

2.我的书法之旅

工作以后,我尝试练过几次字,练硬笔,但都没能坚持下来。2015年国庆假期,我从家里买了砚台和毛笔之后,跟隔壁姐姐家的女儿一起去少年宫跟着书法老师系统地学习书法,这样才坚持了下来。

在这两年中,我只学了两个碑帖,一个是魏碑《张黑女墓志》,一个是行书《兰亭序》。对比一下我刚刚开始学书法时候的字,我现在写出来的字,进步还是挺大的。

每周我都会去上书法课,每次上书法课我都非常开心和放松。

行书班很多小朋友的字写得都比我好,他们是从一年

级开始学，一直学到初中毕业。他们练过隶书、魏碑、楷书、行楷、行书以及篆刻印章。少年宫的小朋友们跟老师斗嘴的模样可爱极了，跟他们在一起，我感觉自己的心态也年轻了许多，这就是书法带给我的快乐。

3.坚持源于热爱

很多人都希望自己写得一手好字，但是练字需要花很多的时间和精力。最难的是刚刚开始写字的几个月，心态静不下来，会有各种各样的事情占领写字的时间。能坚持下来的人，都是因为真的热爱。我之所以会热爱书法，是因为它真的很有趣，每个字都不一样，每次写字时的心境和感受也都不一样。

先从笔画开始，到每个单字，再到集字，最后是练习行气和整个篇幅的布局。我很享受这种慢慢进步，越写越好的过程，这让我感到非常快乐和愉悦。这持续不断并慢慢进阶精进的过程是可以复制到其他领域的，这就是书法带给我的意义。

尝试坚持去做一件枯燥的事

其实写字跟练瑜伽、跑步是一样的，练瑜伽和跑步是运动，目的是练肌肉、减重，而写字则是练注意力。

刚刚开始时,练字是很难的,但是当你认为这些是特别有乐趣的事情时,你就愿意花时间、花精力去学、去做,并且会越练越强大。

1.令笔芯在点画中行

有时候,我会花一整个上午,去写字。其实,我房间里特别热,没有空调。但是一铺开纸张,我的心就安静下来了。我很喜欢写字的感觉,感觉每次写字,也是在跟自己对话。自己的心特别安静时,写的字就会更好一些。

学习写字是挺难的一件事情,上周跟我一起去学写字的姑娘,准备周四和周日去上书法课,结果却没有去上。学写字就是这样,一节课都不请假真的好难,因为生活中会有各种各样比上书法课重要得多的事情。但是我还是坚持一节书法课都没落下。刚刚开始学写字时,我也是每天写满两张练习纸。

我认为,履行对自己的承诺也是对自己的尊重,既然开始学写字了,就一定要坚持下去。

一个人能把练字这么枯燥的事情做好,他还有什么事是做不好的呢? 我就是这样的人,所以我做其他的事情,只要我想去做好,我都能做得很好。

2.诸般闹事，皆吾所好

从我认真开始学书法到现在，已经快两年了。我从一横一竖开始学，到现在可以写行书了，进步挺大的。小时候我就特别喜欢写字写得漂亮的小伙伴。我的家乡歙县，是一座具有浓厚徽州文化底蕴的古城，文房四宝中最有名气的歙砚和徽墨，都产自歙县。

书法写字确实没什么用，不能当饭吃，还得每天花时间、花精力、花钱去练习。但是书法带给我的意义却是非常巨大的，它让我学会真正地沉下心，不急不躁，有耐心地去完成一项特别艰巨的任务。

抵御生活的无趣，让人生饱满

一个兴趣爱好，融入你的生活中，沁入你的人生中时，你会发现它能给予你源源不断的乐趣。你也会在生活其他的方面受到兴趣爱好的影响，从而变得可以抵御无尽的无聊、无趣，感觉到人生是饱满富有的。

1.启蒙的仪式感

我报的书法课是暑假班，学的是隶书。学书法从隶书

开始学是非常好的，因为隶书比较古朴简单，对于后面的楷书、行书是很好的打基础的书体，而且还富有变换性。很多小朋友都是第一次来学书法，所以跟楷书班、行书班不一样，老师要很耐心地教笔画，教执笔。

我是夏老师破例收的学生，我从楷书先学起，没学过隶书。但是因为自己比较喜欢，所以向夏老师申请反过头来学隶书。

我不会因为自己有基础，就不认真地对待笔画练习，反而觉得这是我跳过没有学的功课，更需要认真学。在用毛笔画螺旋、画圆圈、画蚊香状的线条时，我就感觉到自己的基础并不是扎实的。转笔时，我也并不能时时刻刻保持中锋，所以我还需要再练习。

夏老师在快下课时，拿出粉色的彩宣纸，教小朋友们写作品，是特别简单的两个字，运用的笔画是课上所学的。这有非常重要的仪式感。

夏老师说："这可能是你们人生中的第一幅作品，等你们以后学了楷书、行书之后，把你们的作品和今天的作品进行对比，就会发现自己有了特别大的进步。"

写作品时，是老师写一笔，小朋友跟着写一笔，特别简单，也是照着画。所有小朋友写完了之后，夏老师认真地给每一幅作品盖上章。隶书班的小朋友都是第一次学书法，这样做能让小朋友们觉得自己很棒，很有成就感。

学书法确实需要一个仪式感，你可以看到坚持的力

量，你也可以看见自己的进步和改变。

生活也是一样，成年人应该有怎么样的仪式感，让自己能感觉到进步和蜕变？

很多人成年之后，就会在日复一日的生活中，不断重复过去的事情。因此，我们也很需要设立一个节点，让未来的自己可以跟现在做一个对比，这就是生活的仪式感。

2.我是富有的人

上完书法课之后，我和一个一起学书法的姑娘去买了笔墨纸砚，我自己买的比她买的还多。回家一看，我的笔筒里已经有十多支毛笔了。我为它们拍了照片，心里美滋滋的，我觉得自己好富有。

我指的富有，并不是物质上的，而是心灵、精神上的富有。因为书法，让我的人生不再无趣，而是变得饱满。

第五章

保持缄默，静静读书，静静思考

你是否曾经因为不喜欢这个人而对他有偏见呢？有没有做到对事而不对人？有没有客观地看待这件事情的真实性？

如今这个时代太浮躁，很多的烦恼、争执，都来源于大家争先恐后地发表意见。我们不妨静下心来，重拾"日省吾身"的智慧，成为一个有温度、懂情趣、会思考的人，学着去用写作来调节心情。

保持缄默，静静读书，静静思考，做一个有智慧的女人。

重拾"日省吾身"的智慧

曾子曰："吾日三省吾身——为人谋而不忠乎？与朋友交而不信乎？传不习乎？"

意思是，我每天从三方面反省自己，替人家谋虑是否不够尽心？和朋友交往是否不够诚信？老师传授的知识是否复习了呢？

朱熹也说："日省其身，有则改之，无则加勉。"

反省自身，别人跟你不一样，并不是他不对。把自己的价值观和评判标准强加给别人是错误的，应该以包容的态度去尊重"不同"。

1.情绪是发现问题的钥匙

因为一件小事，我和小红吵了一架。我还是挺情绪化的，因为感觉自己不被尊重，很容易就会被点燃怒火。但

反过来想想，我是不是对她也不够包容呢？

后来，小红给我道歉了，说我们还是好姐妹。她给我道歉时，我还是挺感动的。如果不道歉，两个人的关系就会一直僵着，继而引起各种不满。但是一个人道歉，表示认识到自己的错误，其实是给你一个台阶下。

同理，夫妻两个人，或者是，父子两个人关系不好，那是不是就缺一个道歉呢？犯错的一方真正认识到自己的错误，然后非常诚恳地向别人道歉，对方会收得到的。

其实，情绪就是发现问题的钥匙，当我自己有情绪时，就会思考是什么原因让我觉得不舒服？

有时候，情绪需要被看见，当自己有情绪时，可以通过描述来呈现出情绪具体的样子。情绪被描述得越具体，越容易被转化掉。

2.战胜自己的博格特

博格特是《哈利·波特与阿兹卡班的囚徒》一书里描写的魔法生物，它能看透你的内心，变成你内心深处最恐惧的东西。对付博格特的咒语是博格特驱逐咒"滑稽滑稽"，咒语使博格特变为你认为最滑稽的样子，人越多，博格特便越好对付，因为它不知道该变成什么。

真正杀死博格特的是大笑，你发出大笑声，博格特便会被炸成万缕青烟。

博格特的形象是摄魂怪。卢平上三年级黑魔法防御

课时，教学生们用"滑稽滑稽"咒语来对付博格特，而且还用了一个博格特代替摄魂怪来教哈利学习守护神咒。

因假设而起的情绪，用无为和验证的方式去处理这种情绪，是最有效的。而在日常生活当中，每次触发你情绪的按钮，可能就是自己内心的恐惧，是一个博格特。正确的做法是情绪溯源，觉察你内心的博格特是什么，然后再去处理这样的底层情绪。

日省吾身，是每个新时代知识女性都应具备的能力。

试着用写作来调节心情

宋代大诗人陆游给他儿子传授写诗秘诀时说："汝果欲学诗，工夫在诗外。"意思是，你如果真要学写诗，就要在写诗之外多下点功夫，不能为写诗而写诗。

说话、写文章也是同样的道理。想写好文章，除了要在写作的技巧上下功夫，更重要的是丰富自己的人生阅历、涵养、知识、气质以及砥砺意志、品行。文风好不好，与一个人的品德学养和能力素质密切相关。理论功底扎实了，知识积累厚实了，思想情操高尚了，肚子里装的东西多了，才能做到厚积薄发、运用自如。

1.用写作来织锦

我的朋友喵子是一位美丽的花艺师，她用织锦来比喻建立自信，我想喵子是真正地懂得了这个过程，所以才能用这么好的类比修辞，很浅显地表达出来。

写作是让我能不自觉挺直腰杆的力量。我喜欢用写作来建立自信，用喵子的话说，就是用写作来织锦。

我们每天都会有大量的想法和观点在脑子里徘徊，它是混乱的、无序的、不清晰的，甚至是错误的。当坚持了比较长一段时间的写作，把自己的想法、观点梳理好，验证一遍，整理出清晰的逻辑后，整个人是有变化的。对外，与人的交流中，你就能变得言之有物，言之有理；对内，你可以拍胸脯对自己说："我是一个具备独立思考能力的人，我的思想清晰一些了，我有自己的想法了。"

不写作时，我一出门，感觉自己脑门上飘的是一团乱线。写作了一段时间以后，我出门时，就感觉脑门上飘的是一块织好的彩锦。至于要用这块彩锦做什么，就看你自己了。

有彩锦在手，我害怕冷吗？

是呀，这是一种由内心底层生长出来的力量，而写作是在内心最底层播种、培养，让自信自然生长出来的力量。

2.用写作来调心

我手写我心，用写作来调心，用写作再活一次。写作的治愈力量是强大的，当你把内心的伤痛写出来，就会被看见。你不必马上处理那些伤害，很有可能它们在被写出来的过程当中就自愈了。

唯有这样抽丝剥茧挖掘自己内心的伤害，才能发现自己内心真正的渴望。

比如我受到的伤害来自家庭，为什么家会伤人，能不能解决呢？我的答案是：能解决，家庭才是所有力量和爱的源泉。指责埋怨家人，陷在情绪事件中是没有用的，所有的问题都在自己身上，要真正沉下心来直面自己的伤痛，才有自愈的可能。

试着用写作来调节心情吧，也许那些时间没治好的伤，能用文字来治愈。

成为懂情趣、会思考的人

都说有趣的灵魂万里挑一，其实，取悦我们所需的思想深度，也是我们自身的思想深度。当你的思想境界越高，你就觉得有趣的灵魂越少，因为能与你拥有同样思想境界

的人,越来越难找。即便思想境界的提高预示着知己越来越少,也还是有很多人想要成为懂情趣、会思考的人。而成为这种人,最有效的途径就是读书。

坏的书即使只读一遍,也嫌多,好的作品即使读了千百遍,也嫌少。读书,不是为了逃离人群,一个人躲到安静的书房里。读书,到最后,是为了回到这样平凡又繁盛的人间。

1.读书方法论

读书的方法有很多,但是我读书的方法很笨,就是读四遍以上。

第一遍通读,速度很快,重点在目录和序言上,了解一下这本书大致讲了什么内容。

第二遍精读,重点句子、段落要画出来,写上自己理解的关键词。

第三遍对着语音写作软件说一遍。这一遍很重要,读一遍重点段落和句子,说一遍自己的理解。这个过程你会有灵感不停地冒出来,说完要立刻写复盘记录,把灵感写下来并消化掉。

第四遍写书评时再迅速翻一遍。

一本书这样读过之后,才算读完了。这样读下来,一本书的内容,基本上能理解95%了。估计过一段时间再来读,还会有新的发现。

把自己从这本书中所学的知识运用起来，这本书就已经值回书价了。

2.心有猛虎，细嗅蔷薇

读书是为了成为一个有温度、懂情趣、会思考的人。心有猛虎，依然温柔细嗅蔷薇。

喵子问我："你心中有猛虎吗？"

我反问："猛虎指的是什么？"

喵子："随你理解，心中有如猛虎的部分。"

我："有的，不甘平庸。"

喵子："那加上后半句'心有猛虎，细嗅蔷薇'呢？"

我："也有的。"

喵子："你觉得蔷薇是什么？"

我："绵绵若存，用之不勤。意思是愿意慢慢地、一点点地努力，愿意让步伐慢一点儿，轻盈一点儿，最终实现目标。"

愿你也能心有猛虎，依然温柔地细嗅蔷薇。

人生每一刻都蕴含着取舍

君子有所为，有所不为，坚持和放弃同样重要。坚持

不易，放弃也难。

我先把手头上的工作做到最好，才有资格去选择更多、更好的东西。

选择的资本有两个，一个是基于价值观，一个是要有足够的积累。

我们在选择时，首先你要具有一定的能力。另外，你需要有一定的方法论，但最重要的还是你的价值观。

懂得了这些，自己在做选择时会更加清晰、果断，并且不会后悔。

从价值观的维度去看那些和自己有关的、别人的选择，就能更加理解和包容对方，甚至，会更容易原谅那些对自己造成伤害的选择。包括原生家庭父母选择对你的伤害，也包括和你亲密关系的人，他们的选择对你造成的伤害。理解他们是基于自己的价值观才做出当时最适合的选择，而不是充满的恶意，也不是自私，是世界观的不同，明白选择的背后是洞察和积累，你就会释怀。

思考一下，你能很清晰地用一个词语来描述你自己的价值观吗？

昨天我听完一位老师的分享，他的PPT上有这样一行字，让我印象特别深刻——用17分钟做出节约17小时的事儿。

之后，我问他，为什么是17分钟而不是18分钟或者16分钟。他告诉我："因为17这个数字不常见，所以容易

形成认知心智。所有事情背后都有商业逻辑。"

原来是这样，自娱自乐是没办法快速成长的，在市场中做选择，不仅要根据自己的价值观，还要符合客观规律。在商业中做出的选择要有差异化，要经历市场的考验。如果找不到这样一个选择，是不是自己能力还不够，积累还不够？

非零和博弈，公平与合理

社会生活中，常有人发出感慨：这事不合理，那事不公平。

到底公平合理的本质是什么？不少人并不清楚。所谓公平合理，即身份相仿、实力相当，存在某种契约关系，经过博弈，各自做出让步，求得某种认同，即为公平。

公平不是恩赐，不是施舍，不是强夺，不是祈求，而是通过博弈而得！

1. 契约和博弈

非零和博弈是指合作性质的博弈，博弈方双方，得益之和是不确定的变量，并且不等于零，一方得益不以另一

方损失为结果。参与游戏的每一方都有收获的可能,很多时候是双赢或者多赢。

双方的某种交易,不是一方给予,另一方只是接受。在这一场博弈当中,各方面都有获益的可能,而不一定是输赢分明,这就避免了一种针锋相对的战争局面。

2.功利地面对博弈

如果你想要出类拔萃,那么你要参与的这场竞争,很大程度上是一个零和博弈。你想赢就意味着有人要输,你想拿到这个位置,就意味着有人拿不到这个位置。

这种博弈对社会有没有好处,对你来说不重要,你关心的是怎么做对自己有好处,这个博弈没有双赢。你所需要做的就是思考清楚利益关系,去争取,去沟通,最终达成一致。这才是成熟人的做法。

我们要清楚明白优劣势之后达成双赢,而不是一味地觉得自己得到的不够合理,付出和收入不成正比而走极端。学会用智慧和能力去保护自己的利益,懂得争取自己合理利益的人是积极可爱的。

3.婚姻犹如博弈

天下熙熙,皆为利来;天下攘攘,皆为利往。

熙熙攘攘为利来往是世间的自然与百态。

《教父》里有一句台词是：It's just business, business is business(在商言商)。有一句俗语说的也是这样一个观点：没有永远的同盟，只有永远的利益。即使是敌人，也可以为了利益进行亲密合作。

从这个角度来说，恋爱婚姻也是一样，都是合作博弈。在自己可以承受的范围内，去冒一点点风险。这是探索未知的有效方法，会有惊喜回馈的。

一门深入，长时薰修

我理解的一门深入、长时薰修，就是让我们专攻一个方向，然后持之以恒。博采众长并不是不好，但是一门深入、长时薰修更容易出成果。

1. 教之道，贵以专

可以串行工作，但是尽量避免多任务，要精专，要做到一门深入、长时薰修。我曾经最大的问题是聚焦和留白，我的精力分散，没有为自己的生活留白，所以很多事都没做好。

如今我从自己的天赋出发，精专最擅长的地方。而不

是为了做而做，为了学而学，不是为了感动别人，也不是感动自己。

教之道，贵以专。我对这句话体会很深。因为在书法课上，我已经学了四个学期的《兰亭序》了，从笔画开始，从字开始，从头到尾每个字都要学，然后到格临，接下来是行临，最后是仿照，要跟字帖写得一模一样。

老师这样教，我们这样学。可想而知这个过程需要多少耐心，多少专注。从学书法这件事情上，也可以延伸到我现在做的其他事情上去。聚焦留白没有那么难，每个人肯定是能做到的。慢慢来，时时保持觉察之心。

2.聚焦专业

在职业领域也是一样，如何在自己的专业领域做到一门深入、长时薰修？答案是聚焦专业。比如你想成为一个好的文案作者，那么，好的文案作者有什么标准？

一个好的文案作者，应该可以控制自己的笔尖，把马桶盖这样的产品写得饱含深情，也可以把汽车文案写出人生格局，但是写任何产品都能根据商业需求来写，简而言之就是符合甲方需求。好的文案作者并不一定要写出创意多好的文字，而是要能写出任何产品所需要的文案。首先要懂得产品的定位及需求，要懂营销点，最后还要有洞察力，懂点儿心理学。

是的，创意并不需要灵感，创意是一门手艺活，越磨

越锋利。

我可以用两个月的时间去学PPT；我可以用四个月的时间学理财；我可以用一年的时间去学心理学；我可以用三年的时间学书法；我可以用四年的时间去健身……这些都是我自己去做的，而且最后都有挺好的成果。那么我也可以用更长的时间去学习，去精进其他方面的事情。同理，你也可以。

克制自己盲目帮人的欲望

助人为乐当然是一件好事，但是不结合实际情况，盲目地去帮助别人，可能只是满足了你自己，但于别人而言，未必有用。

1.平等尊重而不主动

这里说的克制自己盲目帮人的欲望，最重要的就是别自以为是地去教导别人，因为别人不一定需要。

当我发现对方有不懂的地方时，我就自顾自地说了一堆。这样是非常不好的，一方面可能别人的认知不够，没有办法理解；另外一个方面，可能是我讲太多了，没有仔细

考虑别人的接受程度,也许他们要的只是一个最简单、最直接的方法而已。

李笑来在《七年就是一辈子》一书中,也提到要克制自己推销的欲望。当你读到一本好书时,发现自己的认知改变了,就会极力推荐别人去看,每次聚会都会说这本书有多好。这个时候,别人是会反感、排斥的,因为别人根本就看不到你认知的改变。

对于这样的情况,李笑来后来是怎么解决的呢?他克制住了自己推销的欲望,当别人问起时,才会轻描淡写地描述一本书。然后还故意留下悬念,说自己已经忘掉了这本书的名字。其实他并没有忘,等到别人追着他问时,他就会默默地下个订单,再买一本同样的书,接着送给这个朋友。

不过,自己还是要默默地努力,等别人发现你真的改变了,你再去影响别人,别人才会有兴趣知道是什么让你改变了。

2.夏虫不可语冰

秋天到了,立秋过后,一下雨,天气就变得凉爽。家里来了两只蟋蟀,叫得可欢快了。这让我想起一句俗语:夏虫不可以语冰。意思是不能和生长在夏天的虫谈论冰。由于夏虫的眼界受到时令的制约,你就算有理有据,也无法说服对方。比喻人囿于见闻,见识短浅。

我曾经听过一个故事，是讲孔子的一个学生在和一个人争论一年到底有几个季节，那个人说三个季节，但是孔子的学生说有四个季节。两人争论许久，没有结论，于是就去找孔子评理。

孔子就说，一年有三季。然后那个人心满意足地走了。

后来孔子的弟子不服，就问："明明是四季，你为什么要说谎？"

孔子就说："你看那个人穿青衣，明显就是蚂蚱变的。对于一个见识浅短的人，无论你说得多么正确，对他们而言也只是个笑话。面对他们，我们唯一能做的就是赞同他们，然后微笑着看着他们离开。"

我不知道这个典故是不是真的是孔子和他弟子的故事，还是后人杜撰的。但这个故事告诉了我两个道理，第一是不必和知识浅薄的人争论，自己懂得就可以了。争论真是浪费时间和精力，有这个时间，做点别的什么岂不是更好？第二是，我们要站在一个更高的维度去看这个系统，目光短浅，陷入其中，必然短视。

打败拖延症，生活更高效

技能是学习的终点,高段位的学习者,都是学以致用的。那么我们学习技能的最终目的是什么? 节省时间,提高生活效率。

所以,一些5分钟能学会的技能就别拖大半年了! 比如学习幕布,学习Markdown语言,学习双拼……主动去创造让自己惊呼的瞬间,才能更高效地学习。

1.缘起兴趣

三月份时,我看到小伙伴们都在"为知App"上用Markdown(缩写MD)制定日计划,顿时觉得好高级。彼时我还没有制定日计划的习惯,后来觉得这样挺不错的,就找了一位伙伴,让对方单独教了我一遍。

我尝试了一下,老是不对,也没有继续问他,就自己去找了MD的攻略。我在"为知App"里存的一些攻略,都是3月份找的。

假期过完,回到合肥后,我在日常生活中用不到MD。于是,之前稍微明白的都忘了,之前没弄明白的,就彻底不明白了。

学习MD的过程比较漫长，因为平时生活中也用不到MD。偶尔看到MD的文章，我就会想：我知道是这样子的，好像挺麻烦、挺复杂的。现在暂时用不上，也没有时间学，就先放一放把。

总之，我会找各种借口排斥去学MD。

2.渗透知识

后来，我发现，这个知识每时每刻都会充斥在我的身边，我在哪里都可以看得见。

当你学习某项技能，拖延了许久之后，重新接触到关于这个技能的消息时，就要抓住这些让你心动的瞬间。因为它在提醒你，这是到了学习这个知识的最佳时间了，一定要抓紧时间去学。

比如，前段时间，我就发现，我的一个朋友在用MD发"分身术"通知，另一个朋友则在他的公众号发了一篇《为什么要用MD写作？》的文章，就连我在简书App上随意翻阅，也能看见一位小伙伴发了一篇《一分钟学会MD并开始写作》的文章……身边这么多的偶然事件都在提醒我，是时候学习MD了。

3.虚心学习

于是，我先把《一分钟学会MD并开始写作》那篇文章看了一下，把里面说的几点，用笔记本记了下来。然后，

我尝试着在简书App用了一下，又在有道App里用了一下，还找了"Cmd Markdown编辑阅读器"，学会了简单常用的MD功能。这些都不难，下次用时，翻下笔记本上记了标签，就又会用了。

4.输出文章

最后这一步非常重要，也就是我现在所做的事情。要输出总结性的文章，把自己知道的知识写下来。一方面是对自己所学会的这个知识点做总结梳理，另一方面是帮助自己以后检索。

5分钟怎么样才能学会Markdown？

（1）先看学习文章，去检索。

（2）请拿出笔和纸，把这些常用的MD语言抄下来。

（3）尝试着去用，别害怕，别排斥，别烦躁，不会时看下笔记。

（4）注意，英文输入法状态下，标题和序列需要打空格。

（5）支持MD的App有为知、有道、简书等。

第六章

对未来有信心，对现在有耐心

【章导读】

持之以恒，日拱一卒。

找一件有意义、有难度、每天可以达成的小事。通过持之以恒做这件小事，逐步建立起内心的秩序感，秩序感的搭建对个人成长大有裨益。

可能你现在正处于谷底，不愿意去想未来，对成长、梦想等美好的词嗤之以鼻，但你要相信，这一切都会过去的。

用新的习惯去打破旧习惯

很多人一辈子都活在同一种模式中走不出去，这时候就需要养成一些新的、好的习惯，帮助自己走向积极的、成功的模式。

我们只能通过行动，形成新的习惯，来打破旧习惯。

1. 每日最低原则

在生活当中无论发生什么事，都要保持一个最低原则，督促自己成长和进步。最低原则的设定，是在生活中做一些事，并不是很难，于自身而言是可以完成的。但是，不要设置得太容易，设置的这个原则是花四十分钟至一个小时完成。

我自己的每日最低原则是通过语音写一万字，通过"晨间思"复盘文章，每日写工作小结，每日写成长小结。

如果你每天坚持完成最低原则,就会有一种自己每天都在进步的感觉。

2.养成一个习惯

试着把看书、练字、写作、记录开销……当成一个习惯去养成。它们跟吃饭、睡觉这些习惯一样,是可以养成的,并且它们都是值得我们用一辈子去养成的好习惯。

我们最好是从年轻时就养成好习惯,好习惯会在不知不觉中指导自己的一生。

村上春树每天花有两个小时写作,他在《当我谈跑步时我谈些什么》这本书里,也说到他把跑步当成了一生的习惯。

在悠长的岁月面前,花一两年的时间去做一件事情并不难,逼迫自己去养成一个习惯也不难。困难的是如何让自己一辈子去解决一个问题,培养某一个兴趣爱好。

一辈子这么长,我们不妨试着持之以恒地去做某件事情,去坚持这个习惯,并让这个习惯融入你的生命。

3.习惯的力量

人的一生,如果学会三个管理技能,必定能走向成功。这三个管理技能分别是习惯管理、知识管理、能力管理。我们可以把大部分目标,分解出两类要素:第一是认知,由

知识管理完成；第二是能力、实操，由能力管理进行刻意训练得到。

两者都以习惯管理为底层驱动，最终强化为每天都做的习惯。

心理学巨匠威廉·詹姆斯有一段对习惯的经典注释：

种下一个行动，收获一种行为；

种下一种行为，收获一种习惯；

种下一种习惯，收获一种性格；

种下一种性格，收获一种命运。

像练肌肉一样去练注意力

注意力就像肌肉，是可以通过训练得到的。我们不妨像练肌肉一样去练注意力，久而久之你就会发现，当自己想集中注意力做某件事时，轻而易举就可以做到，生活和工作的效率都会大大地提高。

1.练肌肉

我刚开始练平板支撑时，感觉很难，最多只能撑10秒，我就趴下了。我想，那么第二次我是不是可以坚持15秒

呢? 第三次是不是可以坚持30秒? 第四次是不是可以坚持1分钟甚至2分钟,4分钟,5分钟……

挑战和刷新自己,生活才会更有乐趣。

虽然练肌肉的过程让人感觉很辛苦,但是每次练完之后,我都感到无比畅快、无比轻松。

看着今天的自己比前一天的自己厉害一点点,心里是满满的自豪感。

2.练注意力

注意力是稀缺资源,在这个信息爆炸的时代,注意力不集中会耽误我们很多时间。

原本我想在早上出门前看下天气预报的,谁知拿起手机时,一不小心点开了知乎,点开了微信朋友圈。看了一大圈后,回过神来已经过去了半个小时。这时,你就会想,刚才我拿起手机是想干什么来着? 已经忘了。

现在一件很小的事就能把人的注意力吸引过去,那么我们如何才能让自己专注地做一件事情呢?

训练注意力,可以通过写字或者静坐。让自己习惯专注于当下,把复杂的念头挑出去,只留下一点注意力,去做你最重要的事情。

我在焦虑烦躁时,看什么都不爽。但是一铺开纸张,拿起笔,我的心就安静下来了。

3.静心

如今，知识爆炸，时间紧迫，每个人都焦虑无比。我们的心就像一瓶混着泥沙的水，外界的搅扰越多，水就越浑浊。

想看清自己的真心，只有把瓶子静置一段时间，清浊了，分明了，让外界一切的热闹、纷扰、刺激都慢慢停下来，心清静了，智慧就显现出来了，注意力自然也就集中了。

懂得坚持，也要学会放弃

从小到大，我们接受的教育都是让我们一定要坚持到底，坚持就是胜利，一定要向着终点做最大的努力。可是坚持到底就是一百分的正确吗？

1.坚持VS放弃

在初中、高中的运动会上，我一直都是坚持到底的那个人。在无锡马拉松上，我为了拿到完赛奖牌，不顾自己腿受伤，坚持跑完了全程，结果是留下了后遗症。环巢湖骑行时，我顶着那么大的风，坚持骑完了160千米。

这样坚持到底，让我培养出来一种韧性，特别能吃苦，特别能忍耐，这是非常棒的优点。但是有时候，懂得放弃也是一种智慧。

萨提亚冥想中，有一个环节是让我们想象，自己拥有一套自尊维护装备。其中，装备里有一个选择徽章。你可以想象这枚徽章上面镶满了宝石，非常漂亮。它的正面写着"是"，背面写着"不"。

"不"也是可爱的语言，它代表着这样东西不适合你，你在选择时可以拿出选择徽章，倾听自己的内心，是否要选择坚持，如果自己心里的徽章翻到了"不"的那一面，那么你不妨试着尊重自己。

当你尊重自己，保持内心与自身和谐时，你也能得到来自外界的关爱和尊重。

这枚选择徽章也是用来提醒自己，可以观看和聆听一切事物，但是只吸收那些适合自己的东西。

2.有勇气去拒绝

身处功利社会，很多时候为了人情、面子，我们都选择委曲求全，或者是防御性利他，其实，我们不如拿出勇气，拒绝不合理的请求。

虽然懂得这些道理，但是我有些时候还是不太会拒绝，我不会把自己的真实想法轻易展现出来，不敢说"不"。在这个过程中，可能也会给对方造成困扰，以至于双方都

挺累的。

所以勇敢拒绝是一件好事情。倾听自己内心真正的需求，并贯彻到底。

如果你通宵加班之后，你的同事还过来找你帮忙，你应该拒绝；如果你经济上捉襟见肘时，你的朋友还来向你借钱，你应该拒绝；如果你忙得不可开交，你的恋人还命令你立刻出现，你应该拒绝。

还有许多同样的情况，你都应该坚定地说"不"，无论是人，还是事，盲目地坚持，并非是好事。有时候放弃，也许才是对的选择。

从现在起，你不妨只允许对自己温柔、尊重自己的人来到身边。放弃那些让你疲惫不堪的人际关系，带着勇气前行，克服困难，披荆斩棘。

我曾经也是一个每到做决定时就纠结、难过的人，怕抓不住，怕失去，怕自己落后被淘汰。后来，我学会了放弃，慢慢地就不再陷入其他人的频率之中，让自己难受了。

直面生活，当自己的英雄

世界上唯一的英雄主义，就是看清生活的真相后，仍

然热爱生活。

不一定要成为更好的人，真实地做自己就可以了。

我们每一个人，在进行心灵的探索时，最勇敢的不是成为那个完美的自己，而是接纳生命给予我们的局限，然后去探索生命最大的可能。

当你成为自己的样子，即使很平凡，我们依然爱你。做平凡生活里的英雄，自己是自己的英雄。

1.爱与信任是疗愈的力量

底层的情绪有两种，一种是爱，另一种是怕。

生命中最重要的课题就是——认识我们自己，唯有爱具有疗愈一切的力量。

有一部电影叫《国王的演讲》，说的是约克公爵战胜口吃，发表全国演讲的故事。约克公爵有口吃，恐惧一切公众演讲，否定自己。但是语言治疗师用爱和信任，帮助他恢复信心。还有妻子对国王的爱，两个公主家庭的爱，都成了公爵战胜恐惧的力量。

最后，他成功地克服了心理障碍，发表了全国演讲。

当你恐惧某事时，要学会借助爱和信任的力量，战胜心中的梦魇，结果往往只会更好，不会变坏。

2.被看见是疗愈的开始

语言治疗师知道了国王小时候受到的伤害，自此，便开始了真正的疗愈。国王的口吃，不是生理问题，而是心理问题。我们一生中，每个人或多或少在小时候都受到过伤害，有些人能迅速地从中脱离，但有些人却无法摆脱阴影。

为什么有的人会一直陷在伤害中无法自拔，甚至让阴影伴随自己的一生呢？

其实，自己长大了之后，需要去跟内心弱小的自己说："我变强大了，已经有能力去解决曾经那些无法克服的困难，请你相信我，成年的我，会给你力量。"

因为很多时候，我们只是身体成熟了，心理方面却还不具备独立性、自主性。所以我们受到的伤害，往往会变成一道难以治愈的伤疤，直到那些伤害被"看见"了，才会自然消散、痊愈。

3.平等是疗愈的基础

电影中的语言治疗师是一位非常智慧的人，在他的地盘上要根据他的规则来，他跟国王是平等的关系。治疗师在把"你有能力成为国王"这个认知强加给约克公爵时，也认识到了自己的错误，并真诚地去道歉。

树丰老师说过，他不会去主动帮助别人，因为主动帮

助别人，和受助者就处于一个不平等的位置。这里的"不
主动帮助"更加的睿智从容，是更加耐心的等待和陪伴。
内心成长的驱动力，也需要被"看见"。

耐心是投资者最好的美德

理财需要无比强大的耐心和严格的纪律去对抗贪婪
的人性。

有一款理财App叫"且慢"，我非常喜欢"且慢"这个
名字，它的slogan是"投资与时间相伴"。

投资是一条长赢之路，不用去计较一城一池的得失，
而是带着笃定的态度笑到最后。耐心是投资者最好的美
德，慢一点儿，久一点儿，会有更好的回报。

1.理财可以先从记账开始

理财就是理生活，我们可以先从记账开始。如果一个
人的账目非常清晰，那他的生活也不会太差。金钱是一种
资源，你把金钱投放在哪里，收获就在哪里。

我有一个朋友小花，记账特别厉害。她从用钱的角度，
来写月总结、季度总结、半年总结、年总结……真的是让人

叹为观止。原来账目，还可以这样记！为资金做好规划，做好预算，让钱在自己制定的计划中流动。

在这个金钱游乐场中，如果你手上的筹码还没有积累到一定程度时，主要还是以提升个人素质能力、赚到第一桶金为重心。

有一个段子：一群从股市冲出来的投资者浩浩荡荡地投入楼市，另一群从楼市冲出来的投资者浩浩荡荡地投入股市，两群人擦肩而过时，互相用犀利的眼神鄙视了对方，他们都认为对方正在做一个愚蠢的决定。

当然这只是一个段子，但它告诉了我们一个道理：不要盲目跟风，要理智投资。

如何把钱花得漂亮，让钱生钱也是一种本事。在现金流游戏当中，想要跳出"老鼠圈"走向财富自由，那么就先从记账开始吧！

2.金钱是梦想的物质基础

什么是幸福？我认为心情能时刻保持愉快与平静的状态，就是幸福。因为我们已经清楚地知道，通过当下踏踏实实的行动，能换取美好的未来。即使中途会有短暂的焦虑、忧伤、劳累，我们也可以忍耐、接受，并且会更有耐心和毅力地去做好一件事。

我们可以谈论自己的梦想，但梦想不是空中楼阁，它是建立在物质基础上的。我们应该敞开胸怀，坦然地面对

金钱,管理金钱。用金钱去衡量能力、资源是成人世界的规则。

希望你也能通过这一句"鸡汤",看到事物的本质,并付诸行动。

投资就像滚雪球,你把小小的雪球做好了,放置在合适的坡度轨道上,只要轻轻一推,让雪球滚动起来,它就会越变越大。当然,你还需要不停地往雪道上倾倒新雪,帮助雪球越滚越大。一旦雪球进入正轨,滚动起来,那么它将势不可挡。

正确评价自己,保持自信

有人在写作团的群里发了一则招聘信息,这则招聘信息的门槛是:有科研成果;名牌大学毕业;全日制博士。

大家开始自嘲自己的学历、单位,说自己这也不够优秀,那也比不上人家。

实际上,我认为能在写作团待着的人,每一个都非常优秀。写作团的首要标准是每日完成500字写作任务,在这个群里的成员,都是能坚持下来的人,这难道不也是一种优秀的表现吗?

所以我产生了疑问,为什么明明很优秀的人,自我评

价会非常低呢？谦虚是不是总是正确的？

1.两个有趣的案例

案例1：

多芬拍摄过一个主题为"Real Beauty Sketches"的宣传片。

首先，一位姑娘向FBI刑侦素描专家描述自己的相貌，形成第一张图，此过程画师是垂帘画像，看不到她。

随后，这位姑娘被随机介绍给一位陌生人，再由陌生人去向画师描述这位姑娘的相貌，形成第二张图像。

两张画像会有什么差别呢？差别非常大。因为姑娘对自己的相貌不满意，所以画像呈现出来的样子，并不怎么好看。而陌生人对姑娘相貌的描述是开朗、光明、友好……最后画像呈现出来的样子更像本人。

宣传片最后打出的标语是：You are more beautiful than you think(你比你想象中更美)。

这个宣传片揭示了一个人对自我容貌的评价，容易产生偏差。因为我们总是无法让自己满意，习惯性地陷入低价值评估中。

案例2：

新东方上市之后，大部分员工都在股价为30美元左右时，把新东方的持股全部卖掉了。结果，不到一年，新东方的股价涨到了90美元。

为什么新东方内部的员工,反而对自己公司的股价估值错误呢?因为员工能看到很多企业内部做得不够好、甚至很差的地方。所以,就出现了"当局者迷"的现象。但实际上,新东方刚上市那一年的表现很不错。

从这个案例中,我们可以看出不仅对个人,对于一个组织,人们也容易做出错误的评价。

2.正确评价的信心

保持谦虚、夸奖别人是社交的一种润滑手段,可一旦发现大家集体陷入无意义的低自我评价时,就要亮起负面语言侦探小雷达。在大家都在进行"比矬挑战赛"时,注意觉察,考虑一下低自我评价对自己究竟有没有价值。如果并不能促进自己进步,就要避开这种场合,不要加入他们的队伍。

人要做到绝对客观其实很难,那怎么样才能对自己有正确的评价呢?我们可以借助外部的评价或市场的力量来纠正内部的评价偏差。

例如在上面的两个案例中,由陌生人来描述你的相貌,由财务年报来正确估值新东方股票。

自信就像小火苗一样,需要我们的精心呵护,并添柴加薪,让火苗持续不断地发光、发热。

我们要保持对自己的肯定,但是也要注意,那种没有根基的自傲火焰,容易灼伤自己。

梦想和愿景，推动你前进

曾经有人对我说："梦想就是人对未来的一种幻想，愿景就是人欺骗自己的一种手段。"但如果人没了梦想和愿景，就像是黑暗中没有指明灯，永远无法前进。

1.有梦想谁都了不起

我曾经和掌控梦想小组的五位小伙伴，用一个月的时间，去寻找、探索自己的梦想。今天早上，我在用语音写作时，又想到了自己其中的一个梦想，感觉非常美好，对未来的方向又清晰、明确了一些。

我跟掌控梦想小组的小伙伴们分享了我今天的写作，然后在聊天过程中，我发现小伙伴们今年都提前实现了人生中一个很大的梦想。所以，梦想的力量真的很强大。如果你没有梦想，不知道自己想要什么，又怎么会有动力过好未来？

我打开自己去年在掌控梦想小组中留下来的最终梦想思维导图，发现和我现在的梦想几乎一样。这些梦想，依旧能推动我前进。

2.人生要有美好愿景

我第一次对"愿景"这个词语产生触动,是去年"十一"长假在威海幸福进化俱乐部烧脑节时,听到兰德姐姐分享她的家和她的5年愿景。她说,自己家之所以能成为现在这个样子,都是因为永澄老师在年目标课上说到了愿景的力量。

从此,她对自己家的未来有了美好的愿景,并为此努力,最终成功地把自己的家打造成了想象中的样子。

从威海回来之后,我也很认真地思考了自己的五年愿景。我翻出永澄老师在年目标课上讲梦想和愿景的那张PPT,发现自己真的如上面所说,用了快两年的时间,才真正地理解了梦想和愿景的意义,并付诸行动。

梦想和愿景,真的很重要。有了梦想和愿景,你才会看得更高、更远,能用更宽广的胸怀和更强的耐心去对待未来,会更心甘情愿地做好当下的每一件事。

怎么治"知识消化不良"症

你的微信、知乎、微博等软件是不是已经收藏了无数条你觉得有用的信息?你本来想等有空了再去看看,可是

收藏后就再也没有点开过。

你是不是买了很多网上课程，想学PPT、手绘、思维导图等，想等有时间了再学？可是你付了钱后，就再也没有完整地看过任何一节课的视频了。

你是不是在朋友圈看见谁又发了免费的课程，发现正好是自己需要的，就赶紧报了名，可是等课程开始后，你要么没时间，要么听完就忘记了。

你是不是参加了很多培训，觉得每一个培训的知识点都非常多，下定决心一定要改正自己原来生活、工作的方法，可是培训结束后，依然还是按照原来的方法去做，一点儿进步也没有？

亲爱的，如果以上问题，你都做出了肯定回答，那说明你得了"知识消化不良"症。这种病症，发病缓慢，经年累月，持续性反复发作。这是慢性病，不可能一下子根治，需要慢慢来。

想要治好"知识消化不良"症，需要做到以下几点。

1.贪多嚼不烂

每个人想学的东西都很多，这时，我们可以用"冒泡排序法"，挑选出自己最想学的东西。

拿出一张A4白纸，把所有你正在学或者想要学的内容写下来，然后逐个对比分析。例如，我列出了四个课程，我就先把第一个课程与第二个课程进行对比，分析哪个对

我更重要。我觉得第一个课程更重要，那就继续将第一个课程与第三个课程进行对比，以此类推。经过对比分析，为这些课程标上序号。

"冒泡排序法"是面临多种选择时，我们应该采用的办法。

如果我们只对一门课程产生犹豫，不知道应不应该报名，就可以采取"核心抓手法"。

你可以问自己：我学习了这种技能，能否成为核心抓手？学完之后能否得到提升？

这就是解决方案。

2.细嚼慢咽

孔子曰：学而时习之，不亦乐乎。意思是：学过的内容经常练习，不也是一件很愉快的事吗？

大部分人都是学过就忘、学完就扔，我们不妨把自己的步骤稍微放慢一点儿，掌握了一个知识点后，再去学另外一个。学完之后，根据这个知识点做刻意练习，能运用到实际生活中，才是迅速提升自我的拐点。

3.学完要输出

孔子曰：学而不思则罔，思而不学则殆。意思是：只是学习却不思考就会因为迷惑而无所得，只是思考却不学

习就会因为精神疲倦而无所得。

所以，我们一定要思考，如何把自己现有的知识体系跟自己的旧知识结合起来，并且用自己的语言表述、整理出来。这个整理输出的过程，就是我们复习的过程。

"教"就是最好的学，如果能把自己的知识点教给别人，那就说明你已经完全掌握了这个知识点。

知识输出并不局限在输出文章这一方面，写成文章固然非常好，但是写文章很耗费时间和精力。所以，我们可以尝试开设线上教育课程、录成音频等。

学习的高级阶段就是有自己的知识体系，那么怎么建立知识体系呢？这里有一段顺口溜，大家可以结合自己的理解，在生活中实践一下。

知识体系怎么建？先点后线串一串，碎片信息要整合，整合知识磨成面，乐高积木巧搭配，价值输出是关键。

如何减少自卑，增强自信

许多人觉得自卑是因为遇到太多优秀的人，在各种对比之下自惭形秽。其实，知道天地有广阔，人反而会变得谦卑，认识到人与人之间必定会存在差异，人反而会变得

从容。

自信的反面是自卑，有些自卑是源于缺点被放大，有些自卑是源于无法接纳自己的现状。

1.被放大的自卑

有些人的自卑，来源于缺点被放大，有些事情别人轻轻松松就能做到，而自己无论怎么努力，还是做不到，这时候我们就会开始怀疑自己的能力。想要减少这种"被放大的自卑"，就要认清楚自己的现状，跟过去那个弱小可怜的自己告别。

因为自己已经长大，是有能力的人了。过去那些解决不了、承担不起的事情，现在看来，可能已经变得很容易了。让我们产生自卑的根源已经不存在了，自信也就建立了。如果没有认识到这一点，我们就很难减少自卑的情绪。

2.无法接纳自己现状的自卑

在外人看来，我一直是个乐观的人，但其实有很长一段时间，我是不快乐的。

我在朋友圈、微博发的都是积极向上的内容，只把好的一面展现给大家看，这就是不接纳自己现状的自卑。我所展现出来的乐观、自信都是纸老虎，一捅就破。

现在回头看看那一段难过的时间，真想给过去的自己

一个大大的拥抱，告诉她说："难过就别勉强了，想哭就哭出来吧。"

熬过那段时间后，我终于明白，接纳现状是减少自卑情绪的重要方法。现在的我很享受自己的状态，接纳自己偶尔的偷懒、不认真、不努力。对自己变得宽容之后，我的自信也慢慢地回来了。

因为不管我是什么样子，爱我的人依然会爱我，不爱我的人，无论我再怎么优秀，对方也还是不爱我，所以，我何必委屈自己呢？

3.每天夸自己100次

搞笑不是我的主调，深情才是我的常态。

收拾东西时，一张纸条从旧本子里掉了出来。这是我三年前写给自己的《值得被爱的20条理由》中的一条。我重新翻看了这20条理由，我觉得如今我的这些优秀特质依然存在，甚至我还可以写出更多自己值得被爱的理由。

认真写下100条自己值得被爱的理由，每天夸自己100次，通过心理暗示，建立自信。

第七章

喜悦的旅程会到达喜悦的终点

【章导读】

想要拥有一段喜悦的旅程,首先要解决一个问题,如何才能拥有喜悦的终点?

我们都知道,无论过程多糟糕,只要结果是好的,就能够让人有一种拨开云雾见月明的舒心、喜悦。因此,围绕这个终点去做我们应该做的事情,精力会更聚焦,得到好结果的概率更大。

勇往直前，不畏结局

《降临》中女主的女儿名字是Hannah。从前往后或是从后往前，字母顺序都是一样的。这部电影女主的时间线是片段化的，看完之后，再回想一下整部电影的结构顺序，才会恍然大悟。

这部电影的时间轴设计得非常巧妙，从女主的角度看，任何时候都可以看成开头，也可以看成是结尾。

由结果影响开始，由开始产生结果。看到最后，你已经分不清到底什么才是开始，什么才是结果。

生活就是周而复始的命题，我们要以终为始，用一生去做决策。

曾有人说过："如果我知道自己未来会在哪儿死，那么我绝不去那儿。"

但《降临》却是另一种价值观，尽管知道生命旅程的

结局，我们依然要拥抱它、享受它。女主说："我预见了所有悲伤，但我依然愿意前往。"这样的思维决定了她比男主更勇敢、更豁达。

即使知道结局，我们也要勇往直前，这样才有反败为胜扭转乾坤的机会。

用郑重的态度去学习

很多人觉得自己学东西慢、学不会，是因为自己不如别人聪明。可你有没有想过，可能是自己的学习态度出了问题？

我们要用郑重的态度去学习，才能学有所成。

1. 不敷衍、不迟疑、不摇摆

郑重是不敷衍、不迟疑、不摇摆，认真聚焦当下的事情，自觉而专注地投入。既不急功近利，也不消极避世。因恪守本心而知轻重缓急，因尽全力无保留而使其事竟成，光阴未曾虚度。只要是你下定决心要去学的东西，自己首先要发自内心地尊重、认同这件事。只有自己尊重、认同自己，别人才会尊重、认同你。

2.善学者，师逸而功倍

善学者，师逸而功倍，又从而庸之。不善学者，师勤而功半，又从而怨之。善问者如攻坚木，先其易者，后其节目，及其久也，相说以解。不善问者反此。善待问者如撞钟，叩之以小者则小鸣，叩之以大者则大鸣，待其从容，然后尽其声。不善答问者反此。此皆进学之道也。

——《礼记·学记》

意思是，善于学习的人，老师费力小，而自己收到的效果却很大，这要归功于老师教导有方。不善于学习的人，老师费力大，而自己的获却很小，学生会因此埋怨老师。善于提问的人，就像加工处理坚硬的木材，先从容易处理的地方下手，然后再处理节疤和纹理不顺的地方，时间长了，问题就愉快地解决了。不善于提问的人与此相反。善于回答问题的老师，就像撞钟一样，轻轻敲击则钟声较小，重重敲击则钟声大响，等钟声响起之后，让它的声音响完。不善于回答问题的老师与此相反。这些都是增进学问的方法。

做一个善于学习的人，从自己的需求出发，提出有用的问题，让老师解答。提问其实也和撞钟一样，你轻轻地叩问，老师也就点到为止，你深入而具体的叩问，就能得到老师更为具体的解答。这样你才会记得更深刻。

3.空杯的心态，无招胜有招

《倚天屠龙记》中张三丰教张无忌用太极剑法抗敌时，有一段内涵丰富的对话。

"记住了吗？"

"徒儿全记得。"

"现在呢？"

"只记得一半。"

"现在呢？"

"徒儿全忘了。"

终于，张三丰笑着说："这就对了。"

张无忌忘了固定的招式和套路，领悟了精髓、理念，相当于把学到的东西变成自己的了。他不再拘泥于原来的招式，出招都是由心而发，这样反而更容易打败对手。

我们在学习中不也应该这样吗？带着空杯的心态去装老师的知识，并结合自身实际情况，形成自己的心法招数，无招胜有招。

为你的人生做好投资

每天都做自己喜欢的事,和喜欢的人在一起,幸福就会围绕在你身边!

1.投资才干

当你愿意重复去做自己喜欢的事情时,你会发现自己比别人学得更快,而且在这个过程中,你会感到充满乐趣,从而非常有满足感,这件事就是你的天赋优势。如果你把时间投资到自己擅长的领域,假以时日就可以实现财富自由。持续不断地投入,就会感到每天都很快乐。

我所指的投资,是对你的才干投入金钱、时间、精力和注意力。这样你会觉得每天都很开心,很有意义。

如果正在做的事情无法让你感到喜悦和轻松,并不意味着你要停止做这件事,而是需要改变做事的方式。

压力源于思考过多,如果你总是担忧未来会遇到困难,对不确定的结果感到恐惧,就会对这件事情产生抗拒感,从而倍感焦虑。

不妨试着将注意力从担忧中抽离,放在当前需要执行的事情上,享受执行中的快乐和成就,这样,你就会变得喜悦且平和。

2.复利计算

复利是指一笔资金除本金产生利息外,在下一个计息周期内,以前各计息周期内产生的利息也计算利息的计息方法。但复利不仅可以应用在理财上,还可以带入生活的方方面面。学习能力、理财能力、健身、写作等,都可以用复利计算。

你需要做的是"投入本金",这个本金就是精力、时间和天赋,然后用心培养,耐心等待。当然,人生不可能只有一项投资,在某一段时间内,可能需要把资源、注意力聚焦到某一项重点的复利项目上。

3.刻意练习

在学习方面,一般经历了"练习→思考→反馈→练习"这样的循环后,不用一万个小时就能进阶,整个过程靠的是热情和热爱。

我现在欠缺练习,因此我需要每天找固定的时间专门去练。花钱、花时间、花精力、花注意力,买课、找导师、找同侪。因为从低手进阶到高手唯一的办法就是刻意练习,没有其他捷径。

请和你的不安大作战

生活压力越来越大，年轻人对未来焦虑不已，对现状感到不安。让我们和自己的不安大作战吧，唯有战胜恐惧，才能成为自己的英雄。找准方向，然后拼命努力！

1.规律作息，提高效率

现代工作生活压力大，缺乏睡眠逐渐变成一个社会性问题。对大部分年轻人来说，梦想前进的路上有一个叫"加班"的怪物，人生中爬过的山峰，也只有早高峰和晚高峰。

成年人的睡眠时间应该要保证在7个小时左右，一般只睡5个小时，就会出现头疼等症状。只有充足睡眠，才有力气做其他事情。

其实，睡觉也是一种自律，因为睡眠时间有限，所以晚上睡得越早，休息时间就越长。可我们总是习惯性晚睡，无论多困、多累，一看时间距离天亮还有8个小时，就忍不住玩手机。晚睡是慢性自杀，不如一键关机先睡觉，醒来就别再赖床了。

睡眠充足，头脑会特别清晰。这样我们在白天的效率就会提高，能多做一点儿活，晚上就可以早点儿睡觉。

在我们感到不安和焦虑时，也可以一键先关机睡觉，

将所有烦恼暂时抛开。

不过，逃避也只是暂时的。早上醒来，就别再犯懒了，做个热身运动，洗把脸，告诉自己，今天已经没有资格犯拖延症了，迅速调整自己，进入状态吧！

2.写下焦虑，理清思路

在金字塔原理中有一个MECE原则，意思是相互独立，完全穷尽。这个原则非常好用。按照这个原则，我们可以把自己焦虑的原因写下来。等全部都罗列出来之后，问题就会非常清晰，我们对工作就会有一种掌控感，不会慌张着急。采取这个原则，把焦虑的原因罗列清楚，就像是点了一盏灯，完全清楚要走的路。

在自己不知道应该怎么去做时，把自己脑海里的想法全部都罗列出来，完成一项就做一个评估，自己就知道答案了。我们之所以会迷茫，是因为选择太多，实在不知道如何去选。不清楚总共有多少选项时，最好的办法就是一条一条儿列出来，这是修炼思维的重要方式。

请拿出一张A4的白纸，把焦虑的原因写下来排好序，就知道哪些是重要、紧急、需要马上去做的事，哪些是紧急、不重要的事，可以安排给别人去做。哪些是重要、不紧急的事，可以安排固定时间去做。不重要又不紧急的事，直接全选一键删除吧！

3.目标悬置，先放一放

如果有一些事情实在进行不下去了，可以将目标悬置。就是先停下来，把事情放一放，这个"放"，不是放弃，只是悬置。在停下来的时间里，你可以休息放松，可以去做完全不同的事情。等到时机成熟，再重新开始。

时间有限，信息无限

时间是分子，信息是分母，有限的时间除以无限的信息结果等于零。

每个人的时间都是有限的，所以我们要控制自己接收信息的量，让有限的时间除以有限的信息，而不是无限的信息。如果信息爆炸，分母太大，分子就趋近于零。

有限的时间里，一定要聚焦重点，如果信息太多，自己无法吸收、无法消化，结果还是在做无用功，一切都是徒劳的。低水平的勤奋，就像一只拼命抓住松果的松鼠，把嘴巴填满，手中也抓满，囤满了信息，结果没有空间咀嚼，最后还是会被饿死。

我每天只有24个小时，睡觉占去8个小时，工作占去8个小时，还有吃饭休息，做自己喜欢做的事，比如书法、

阅读、写作、健身等。这样细算下来，每天的时间是非常有限的。所以，我们一定要学会聚焦。

把有限的时间投注在有限的资源上，接收有限的信息，虽然慢一点儿，但是这样走起来才是稳健的，才是真正能收获到成果的。

1. 自律和死磕

在有限的时间里，我们能完成的事情实在太少，能顺利把一件事做完，要么靠执拗，要么靠自律。

你是愿意执拗一点儿，还是愿意自律一点儿？我更喜欢自律一点儿。

执拗，是不管自己怎么样，都要把事儿做好。

自律，是让自己变得更好，事情也会跟着慢慢地变好。

自律让我在平时做事的过程中，能做好自己想做的事情。自律是顺势而为，可以让人从容地面对结果；自律是顺其自然，可以让人学会掌控自己的人生。

执拗是一定要做好一件事情，即使困难重重也要收获一个好的结果。我觉得这样勉强得来的结果，容易一闪而过，是不持久的。努力不是坏事，但是努力之后依旧没有效果的话，我们不妨选择放弃。

自律是让这件事情成为自己生活中的一部分，你在做这件事时，会很自然、很轻松、很愉悦。不过，自律的前期是需要靠执拗的力量，帮助自己形成习惯的。

当然，如果你真正热爱一件事，不需要靠执拗的力量，你也能形成自律。比如我对锻炼健身、语音写作、写毛笔字、晨间思，就是很轻松地形成了习惯。这些自律都能带给我掌控人生的感觉。

我也有执拗时，比如前两个月我一直坚持研究PPT，但是我发现过于执拗会让自己很难受。而自律是找到自己顺流的方向，这样成长起来，阻力最小。自律的过程是不费力、不纠结的，并且你会很享受这样一点点积累的过程，久而久之，你就能长成参天大树。

如何处理执拗和自律的关系？关键是找到兴趣点和价值转换点，将需要靠毅力坚持的事，融入自律的日程中。比如PPT可以融入工作中，一点点进步，一点点学习。

因此，在有限的时间里，自律能让我们处理更多信息。

2.长期受益和幸福感

大部分人觉得，自律的内容一定要给自己带来收益才划算。但我认为，找到一件能带给你长期收益和幸福感的事情，把它安排进每天的日程中，无须追求物质收益，也无须苛求成为领域专家。它的意义，是帮助你对抗平庸、平凡、索然无味的日常生活，让你保持头脑的清醒。

给生活留白会更自由

齐白石老人的《柳园口借山图之廿二》,大刀阔斧,简括明了,呈现在纸上的线条虽然简单,却让人感觉到大江奔腾,方寸之地亦显天地之宽。

人生也是如此,不用刻意努力去做什么,自然而然,寥寥几笔,也能把生活过好。

1.留白,增加呼吸感

我的书法作品,每个字都很大、很粗,把一张宣纸都撑满了。乍看之下每个字都还不错,但是拿远一点,就感觉很挤,没有呼吸感。

老师让我看了另外一个小朋友的作品,他写得就很好,每个字都比较小,比较细腻,看着很舒服。

写得粗、写得重,不代表大气,字把整张纸占满了,没有留白的空间,看着还是挺幼稚的。

于是,我再写作品时,都会特意把宣纸上下左右折一下,让自己不要撑满格写,提醒自己留白。尽管留白区域看起来没什么作用,但实际上留白会让整个书法作品的布局更加平衡。有了留白区域的环绕与陪衬,重点就会更加突出。

人生也是这样，所有时间都被填满，肯定是不行的。生活可以放松一点儿，很多事就像是握一把沙子，握得越紧，能抓住的越少，没办法掌控。反而轻松地握住，得到的会更多。不如放松下来，从容一点儿，让自己不那么累。

每个人都很忙，但总要留点时间给自己。比如欣赏一幅画，看蚂蚁搬家，端详一下我们此刻的生活、自己的面目以及未来的路径。闲情是珍贵的，能平衡忙碌节奏。

2.什么是真正的自由

书法课上，我们开始写古诗，老师给我的点评是：别都是一样轻重，字也别写得大小一致。要多一些参差变化才好。

这让我意识到，书法不是死气沉沉的，也是非常有灵气，有创造力的。首先，要对每个字都有很清晰的认知，每个笔画要观察好；其次，要对整个篇幅都有掌控力，如何布局心里要有数。

如何有灵气地创作作品，其实都是有边框的，等你完全掌握了这个小方框之后，再将其打破，向外拓宽自己的边界，掌控更大的方框。这个大方框边界之内，每个字就能不被限制，像自由的鱼，在水里自然地游泳，有大鱼、小鱼，有不同的姿态。

有限制的自由才是真正的自由。

归零是为了更好地突破

不断地归零，不断地突破，不断地打开视野和格局，就会看到更多成长的可能性，逐步探索到适合自己的顺流成长之路。

1.归零的勇气

重新开始，从头再来，很多人听到这两个词就觉得心里一紧，非常害怕，因为这意味着一切归零，之前付出的努力全都白费了。

有一次，我的硬盘坏了，以前的我遇到这种事，就会非常焦虑，满脑子都在想怎么办？

现在我只想说，坏了就坏了吧！能被忘记的内容，都是不重要的。重要的内容，自然会重新回到我身边。认知升级了，硬盘内容也应该重建。

我买了许多笔记类型的软件，目的是建立自己的知识管理体系。

建立好自己的知识管理体系，打好基础，剩下的就靠慢慢地积累了。

树丰老师每隔半年就会重装自己的电脑和手机，归零

就是为了保持硬件的高速运转。但是他的检索能力很强，可以迅速找到相关联的重要知识。

我们要有归零的勇气，但不能盲目归零，这样才不会在突破的关键时刻手忙脚乱。

如何避免盲目归零？有两种方法，一是做笔记，二是建立个人的知识管理系统。

2. 做笔记的注意事项

(1) 建立自己的知识体系，使用笔记类的软件。

(2) 我们要控制工具，而不是被工具所控制，不要陷入知识的垃圾场。

(3) 标签很重要，利于检索。

(4) 积累经验，记录是为将来提供作用。

(5) 笔记分类文件夹是从自己的人生分类里自然而然地被划分出来的，并不是搭建好框架往里填东西。

(6) 随时收集信息，直接根据分类整理，不留冗余。

3. 建立个人知识管理系统

个人知识管理系统也是自然而然地被划分出来的，而不是先列框架，然后再往里面填东西。

从自己的分类可以看出自己某段时间的重点，自己有什么地方是做得不好的。

个人知识管理系统的分类有几个原则：

(1)文件夹是一个稀缺资源，文件特别多时才开始建文件夹。

(2)标签很重要，标签主要起检索作用，所以你要有一整套属于自己的知识管理体系标签。

(3)已学会的知识需要沉淀，可以盖上一个已完结的章，保存起来。

(4)收集箱要随时随地进行收集。

(5)管理成本要低。个人知识管理系统也是根据个人的成长随时改变的，管理成本要低，可以随时随地根据自己的分类进行知识管理。

懂得理论之后，就需要辅以实际行动，行动改变比认知改变容易得多。

俗话说得好，绝知此事要躬行。古人做学问总是不遗余力的，很多人都是从年轻时就开始下苦功夫且不断地努力，直至老年方才有所成就。从书本上得到的知识终归是浅显的，最终要想认识事物或事理的本质，还必须自己亲身的实践。

所以，去实践吧！去做吧！

第八章

一切都很甜美，我们一起前进

【章导读】

《菜根谭》中说道：岁月本长，而忙者自促；天地本宽，而鄙者自隘；风花雪月本闲，而扰攘者自冗。

你是一个美好的人，就会看到美好的事物，遇到美好的人，然后觉得世界很美。反过来，美好的人看见你时，也会觉得你很美。

所以，美好的人会自然而然地聚到一起，互相影响，共同进步。一切都很甜美，让我们一起前进吧！

心中有梦，脚下就有路

喊出自己的梦想和目标，让梦想成为自己人生中的指明灯，做足够大的梦，才有足够多的人来帮你!

1.家庭的梦想

我对家庭的梦想，就是人际关系和谐。我希望自己在36岁之前结婚生两个孩子，我更希望另一半能跟我一起进步成长。两个人一起去面对和经历，无须用到"妥协"这个词。

这意味着两个人都是完整的，只不过会并行经历一段共同的时光。

2.想要的都拥有

进行晨间思时，我在想，我真的需要房子、车子吗?

如果我的资源丰富，还担心没有地方住吗？我现在住的地方很好，也不愿意搬家，这种情况下，买房对我是否有意义？至于车子，现在打车更方便，打车省钱、省时间、省精力，买了车会不会对我造成不便？

不过，我还是希望能有自己的房子，因为房子是"家"的容器。

事业方面，我希望能有自己的个人品牌。这样别人一提起我，就知道我的品牌。或者提起我的品牌，就会知道我这个人。我相信，自己想要的都可以通过努力得到。

回顾我年目标上写的梦想时光轴，很多遥不可及的梦想，现在看来都是可以实现的。

3.作品声音

上年目标课程时，我列了很多目标，但其实自己非常心虚。永澄老师让我们喊目标时，我根本不敢喊。现在，过去差不多半年了，我才开始明白他说的"不要怕，要先喊出来"代表着什么。

正如一句歌词："有梦想谁都了不起，有勇气就会有奇迹。"

跨越四季，慢慢地成熟

人生有四季，唯有跨越四季，慢慢地成熟，才能迎来真正的成长。

1.人生的四季

春天里，日日都是晴天，种下希望的种子，付出自己的辛苦和努力；种子在夏天迅速地拔节生长，你就能在秋天收获到自己成长的果实。人生的四季，每一步都走得踏实而笃定。

人生的四季，每个季节都有每个季节的神采。

冬天是寒冷，蛰伏，蓄势，瑞雪兆丰年。

春天是翻土，播种，蠢动，一年之计在于春。

夏天是放飞，聚焦，生长，映日荷花别样红。

秋天是低沉，饱满，收获，喜看稻菽千重浪。

2.成熟的韵味

作为一个成熟的人，需要能照顾好自己的身体、精神、财富和情感。而精神成熟的标志就是：一个人能管理好自己的情绪。

一个人如果没有他那种年龄的神韵，那他就会有他那

种年龄特定的种种不幸。仔细观察下我们身边的人，你会发现这句话说得非常正确。而我认为，无法管理自己的情绪，容易生气或是陷入消极，都会为自己带来不幸。

罗曼·罗兰也说过，大部分人在二三十岁就死了，因为过了这个年龄，他们只是自己的影子。此后的余生则是在模仿自己中度过。日复一日，更机械、更装腔作势地重复他们有生之年的所作所为、所思所想、所爱所恨。

我们如果不希望经历不幸，就要努力跳脱负面的引力，跟上思想的脚步，赶上进化的速度。

做一个善良且坚强的姑娘

三十岁是女性普遍要经历的一道坎，这时候的女性往往有了家庭和孩子，但是又想在事业上再拼一把，于是陷入了两难的境地。

如今女性力量崛起，新时代的女性不仅能做到物质独立，精神也越来越独立了，不会再依附于男人。但是依旧有很多女性在生了孩子后，夫妻不合，婆媳闹矛盾，很痛苦，处在过不下去想离婚、又舍不得的状态。这样的故事很多，我特别能明白她们的处境，人生确实很难。

有一句话是"情深不寿，慧极必伤"，情深不寿是指当你对一段感情投入很深时，就会随之产生各种情绪，而忧伤、难过等情绪是最伤人身体的，所以，用情太深的人，总是活得不长久。慧极必伤是指人太聪明了，看待事情总是看得很深，考虑各个方面的各个可能，担心这个，避讳那个，费心劳神，容易伤身。

女性在婚姻关系中，往往就是"情深不寿，慧极必伤"的状态。

我的建议是女性要把精力聚焦到自己身上，去修复自己内心的伤痛，然后再去考虑是否要离婚。因为如果自己的问题不解决，离婚并不会让你的生活变得更好，就算以后遇到别人，悲剧还是会被重复的。

幸福的家庭总有着相似的幸福，不幸的家庭却有各自的不幸。

两个人朝着一个方向前进，能互相商量着去做共同的事情才是正确的婚姻状态。

林志玲在《超级演说家》中说到，她原来很介意自己的娃娃音，后来与自己和解，去做真正的自己，走出了属于自己坚定的道路。

她说："我何必呢？我何必因为他人的言语来左右我的前进呢？在上一个阶段，老天爷已经赋予我一个柔软又坚强的心脏了。现在的我应该不要再怕这些言语，我要用柔软的力量，让时间推移，然后用女人如水的姿态，温和但

是坚定地走出我自己的道路。我不要因为他人的声音来决定我的价值。我要用我自己的行动来决定我自己的价值。学习接受，把话说小，把事做好。我的弱点也许就是我的优势，我很感谢到现在为止发生的一切。"

如果我们身处逆境时，可以转变一下观念，换个态度，结果也许就会不同。不要用愤怒的情绪去阻止你前进，可以用温和的言语去沟通。

当你可以传递快乐，就会有善的互动；当你付出，就会更喜欢自己。于是你就有长在心底的善良以及快乐，进而拥有长在骨子里的坚强。

一起用温和的力量去改变，不要用愤怒的力量来遗憾，在每一次挫折之后，绽放出属于自己的花朵。

其实，生活处处有甜美

美即是甘甜的滋味，生活除了有压力，会令人焦虑，其实还有许多甜美的时刻。谁都需要一点儿甜来调剂生活，甜美不是谁给予的，而是自己创造的，我们可以培养好心情、好胃口，创造人生中的好时光。

1.梦想会让生活更甜美

今年，我见到了"掌控梦想"五人学习小组的其他成员。我去看了小鹿家的宝宝，去了 Panda 和晓婷新开的瑜伽馆，见到了美丽、知性又优雅的芳姐。

我们在一起学习已经一整年了，在这一年中，我们都成长得非常快，都实现了自己人生中一个非常大的梦想。今天我们跟永澄老师学习制定9月份目标时，还在感慨这一年中我们各自的变化。

晓婷和Panda在一起了，他们实现了开瑜伽馆的梦想；小鹿生了宝宝；我买了房；芳姐和小宝贝去南京开始了新生活。记得去年我们聚在一起学习掌控自己的目标，用了整整一个月探索自己的梦想。一年内有这么大、这么神奇的变化，也都出乎我们的意料。现在想想，我们之所以会有这些变化，应该就是从播种梦想开始的。

掌控梦想真的会让自己很清晰地明白，自己要怎样度过这一生。

梦想会让生活更甜美，知道未来可以在自己的掌控之下变得美好，我们也就拥有了踏踏实实前进的动力。

2.爱我所爱即为甜美

以前我总觉得，如果要结婚，找一个喜欢我的人就可以了。现在，我的观点已经改变了。因为找一个更爱我的人，确实会让自己更轻松。但是你没有办法控制别人，不

知道对方什么时候喜欢你,什么时候不喜欢你,或许现在他喜欢你的理由,恰恰也是他未来离开你的理由。

当你学会主动去爱时,你所获得的是爱的能力。所以现在我会更主动地去关心自己的家人,去满足他们的需求。爱的能力也是在这个过程中慢慢地培养起来的。

我现在就是坚定地做自己喜欢做的事情,让所有我喜欢的、我爱的人或物都来到我身边,围绕着我。人生短短几十年,如果身边都是自己爱的,那有多幸福。

我现在把文件夹的名称都改了,改成我爱工作、我爱PPT、我爱学习……正是因为爱,这些才会发展得很好,没有纠结,没有不愉快。我爱着工作,爱着学习,所以在这个过程中,我甘之如饴。

坚定地做自己,坚定地去爱自己爱的人,这就是创造甜美生活的秘诀。

亲密关系是一切的基础

有人说,所有的内向都是因为聊错了对象,在一段亲密关系中,聊得来非常重要。

　　我经常想，跟我聊得来的会是一个什么样的人呢？我希望对方可以跟我聊哲学，聊书法，聊中国古代的艺术，聊健身，聊心理咨询，聊写作，聊学习，聊家庭，聊职业规划……朋友说，要跟我成为聊得来的人，门槛不低。世事本就如此，你懂得的越多，懂你的就越少。

1.及时止损需要魄力

　　亲密关系中，最重要的是懂得及时止损，这真的需要很大的魄力。有时候及时止损，并不代表结束。及时止损最重要的是你有能力扛起自己身上的责任，而且能从损失中翻本。

　　亲密关系是所有关系的基础，如果亲密关系有问题，那其他关系也会出现各种各样的问题。

　　现在的姑娘在物质上能赚很多钱，在身体上也能好好地照顾自己，但是缺乏精神上的独立。什么才是精神上的独立？能很好地疏导自己的情绪，明白自己的心理世界，就可以了。所以现在很多姑娘要学的，就是心理建设方面。

2.家庭和谐是交友评判标准

　　家庭也是一种亲密关系，只有自己认知进步了，改变了，才能影响家人。那些家庭关系不好的人，自己身上可能也存在一些问题。抱怨公婆不好，抱怨老公不好，抱怨妻子出差太多不顾家的人，从另一方面来看，他们自己也

不见得好到哪里去。很多时候问题是出在自己身上,而不是家人身上。当然,我无法评判每件事的对错,但自己不提高认知,不改变自己,一味地抱怨,就会陷入负面的情绪中无法动弹。

李笑来说,他不和家庭关系不好的人做朋友。他在筛选朋友时,会请别人全家吃两三次饭,这样基本就能了解这家人的关系情况了。对老婆不好的人,也绝对不会对合作伙伴好。因为老婆是男人在这个世界上,唯一一个没有任何血缘关系但又最亲密的人。

亲密关系归于平稳和安定之前,人们大概都要经历折腾、挣扎、不安、选择、见钱眼开、利欲熏心……我们会被心中那只野兽驱动和指使,在熙熙攘攘的世间四海奔忙。之后,尘埃落定,褪尽铅华。人心消停了,人就消停了。

所以,如果你问我,如何才能让亲密关系归于平稳和安定?我的回答是,更主动去爱!

持续写作,每天都进步

学习时,有两个标杆能给你非常强大的力量,一个是导师,另一个是同侪。导师主要是对你进行指导和训练。而同侪则起到了借鉴意义,对方走过的路,刚好是你将要

走的，他犯过的错，恰好是横在你面前的。他刚改正错误，或许可以回头帮助正在苦战的你。

1."我想要"的内部驱动力

"我想要"是一个非常重要的内部驱动力，为自己制定一个一年内必须要达成的目标，你就会有很大动力去完成自己想要做的事。

比如我刚开始学习语音写作时，我的目标是2017年完成200万字，由这200万字监测我一年的成长。这个核心目标是2017年年初，我心血来潮决定的，之前我从未接触过语音写作，但这个目标是我非常想要达到的。

内部驱动力比外部奖励带来的力量更为强大，我总结了一下，从"我想要"进阶到"我一定要"，从而激发内部驱动力，可以参照这个公式：不满 × 愿景 × 下一步行动 = 内部驱动力。

不满就是对自己现状不满，比如三天打鱼两天晒网的学习状态，比如设定了写作目标之后就不会再看的坏习惯……时间一天天过去，自己的水平依然没什么变化，连自己都不喜欢自己。这样的情况下，你就会产生一点想要进步的念头。

愿景就是你希望通过学习所变成的样子，比如我学习语音写作，就希望自己能出口成章，达到百分百的正确率。用嘴巴说，就可以把一篇文章写出来。愿景是一个很光明

的存在,只要设想一下目标实现的场景,我就会乐不可支。

下一步行动,代表着一个小挑战。我们可以把超级大的目标,划分为每天都可以达成的小目标,这个最低的目标是不找借口必须要完成的。这样,可以帮助我们更容易达成目标。

2.教练指导的刻意练习

学习语音写作的过程中,我有两位老师,一位是树丰,另一位是剑飞。

树丰老师是我语音写作的启蒙老师,我参加树丰老师的"晨间思"训练营时,第一个要求就是要不停地说,清空大脑,把自己脑袋里所有的念头都说出来。这样的训练一直持续到三月份,虽然我每天都坚持用语音写作,但是量很少,基本上每天说2000字就说不下去了。按照我这样的速度和效率,根本完不成200万字的目标。

后来,机缘巧合之下,我遇见了剑飞老师,报名了他的语音写作课程。

剑飞老师刚开始指导我时,问我要了当天的写作内容。他看完后,只说了一句话:"有得练了。"

和任何一个刚开始用语音写作的人一样,我的基础非常差。幸好有老师的指导,能让自己的练习更有章法,进步更快。这个过程就是刻意练习。

剑飞老师帮我制定了一个完整的计划。

写作数量上，他要求我3月份每天保持输出4000多字，4月份每天保持输出5000多字，5月份在保证正确率的情况下，每天输出7000多字。周末的要求是平时的2倍，6月份开始，要每天保持输出10000多字，还必须完成一个写作半马以及一个写作全马。

写作内容上，第一步练习去掉"嗯""啊"等语气词；第二步练习正确率；第三步练习去掉连接词"我觉得""然后""这个""那个"等。

在老师的指导下，经过刻意练习，进步会很快。很重要的一点是语音写作，是一个非常需要自律的技能。老师再好，如果自己不去练习，依然会没有进步。

3.克服惰性，花钱买监督

花钱买监督是一个保障机制，确保自己在情绪低落、犯懒时，依然有持续不断的行动力。200万字对我来说是一个巨大的目标，有很大的可能无法完成，万一我犯懒，不想坚持了，这个目标就有百分之九十的概率是达不到的。所以，对我来说，最靠谱的方式就是花钱买监督。

自己坚持不下来，可以花钱请别人监督你。当然，这个钱需要花得有技巧，如果你给好朋友钱，让他来监督你，效果是很差的。自己没办法坚持下来，"友谊的小船"也会说翻就翻。

对未来真正的慷慨，是把一切献给现在，愿所有美好都如期而至。成长路上，一切都很美，让我们一起向前！

你也可以成为一位作家

我看完《成为作家》这本书后，明白如果想成为一位作家，首先你要相信自己可以成为作家，其次就是掌握写作技巧。这本书的核心观点是想成为作家，要有成为作家的信心，还要不停地写作。

1.你相信你能做到吗

成为作家是一个资格感的问题，你要有成为作家的信心，而且相信自己一定能成为作家。

有一种思维是"Be Do Have"思维，大家又称其为富人思维。

Be：我要成为什么样的人？

这个是第一位的，如果把Have放在前面，从有限的资源出发，看到的全是局限。

Do：要做什么才能成为这样的人？

有了想要达到的目标，要做的事情就会立马在脑海中呈现出来。

Have：要突破自我设置的屏障，相信自己的资源是充

沛的，相信自己可有能力获取资源，得到帮助。

所以，如果你有"成为作家"这个梦想的话，要相信自己一定能通过刻意训练，达成目标。

2.怎么样能成为作家呢

书中提了很多成为作家的技巧，比如，约束自己的无意识，批评自己的作品，模仿优秀者、作家等。但是这些都不重要，重要的是你要不停地写作。特别是对于刚刚开始接触写作的人来说，要不停去地创造内容。每天固定时间写作，每天挤出时间写作。训练自己随时随地都能沉浸在写作的状态中，直到写作变成一件对自己来说毫不费劲的事情。

《成为作家》提到"一本书的作家"，意思是一个作家写了一本书之后，创作就枯竭了，这个作家自然也成了一闪而过的流星。

其实每个人都有源源不断的潜力和创造力，永远不会枯竭。比如，村上春树就是一位多产、刻苦努力的作家。他具备"成为作家"的气质，并且一直为"作家"这两个字努力。

他在《当我跑步时，我谈些什么》中提到，1982年秋，自己开始职业作家生涯之际，也开始长跑。

村上春树是一位特别努力的作家，也是一位严肃的跑者。所以，我们要当村上春树，别当一闪而过的流星。

3.马不停蹄去写吧

把写作当成一场又一场的马拉松也未尝不可。

你是否相信自己可以成为作家？你是否相信，你能顺利完成一场马拉松？

最难的是开始，当你站在起跑线上，开跑之后，就简单很多了。你的头脑会在做的过程中，越来越清晰，遇到问题也会有各种解决方案。

因此，不停歇地写作品吧，就像不停歇地跑马拉松！

你也能让生命变得更加美好

山东省阅读推广人、威海市委党校副校长　王肖杰

　　《哈姆雷特》里有一句经典台词："生，还是死，这是一个问题。"当然，这未必是莎翁的原意（原文是 To be or not to be, that is a question。），但这个翻译却极其深入人心，因为每个人都会面临同一个问题：生与死。

　　我曾认真地思考过这个问题。当时母亲躺在病床上，生死未卜,我写了很多关于生与死的文章,发在公众号上,小翁同学看到了,在微信上与我交流。我们远隔千里,一个在安徽,一个在山东,这种交流跨越了地域,而灵魂的碰撞点,就是生命,因生命而遇见。

读完《好姑娘就这样光芒万丈》,才知道小翁同学也遇到了类似的问题,尽管没有到生死程度,但也事关生命,那是一个更复杂的问题:一个人应该怎么样地活?

生命其实是一种偶然。人来到这个世界上,自己没有选择的权利,生命是父母给的,父母也没有选择儿女的权利。一个新的生命诞生,充满了随机性。

尽管如此,人的生命却并不虚无。

人的生命与动物不同,这不仅表现在生物学层面,还表现在精神层面。

人能够创造"意义",同时"意义"创造了人。人为何而活?如何去生活?人可以根据自己心中的意义去选择。动物的生活千篇一律,只是寻找食物、填饱肚子、再寻找食物;人的生命丰富多彩,甚至能够不食嗟来之食,可以舍生取义。

小翁同学活出了一种人的样本。她可以用腿跑马拉松,也能用笔跑马拉松;她练书法,也在探索活法。这些行为背后充满一种力量——生命力!

每个人都有生命,但生命力是不一样的。在小翁同学身上,我看到了一种勃发的生命力。这种生命力能感受生

活的苦楚、亲人的冲突、内心的矛盾，然而这一切正是生命力的动力之源。如果生命只是平静的湖面，它可能是美丽的，但它只能映照别人的风景，活不出自己的澎湃。小翁同学的生命是澎湃的，这种澎湃蕴藏在一行行的文字，尽管读起来很轻松，甚至有些幽默。

现在流行"鸡汤文"，充满小清新，读起来常让人心中一动。鸡汤的味道是好的，也是有营养的，甚至是一种高层次的需求，然而很多的鸡汤文无非是换一种说法，并无多少营养。

小翁同学的文章看题目有点儿像鸡汤文，但这碗鸡汤不仅有味道，也是有营养的。

不同的时代会喜欢不同的文风，初唐诗人的宏阔，晚唐诗人的绮丽，其实没有好坏之分。真正的价值，在于文字的承载。"宁为百夫长，不做一书生"与"恨不相逢未嫁时"，文字语境相差很大，其实意思差不多，无非是一种遗憾。人越年长，或层次越高，越会喜欢平实。从小翁同学的文字中读到了这种可贵的平实。

生命终究会归于平实。

秋天是成熟的季节，小翁同学的生命还在春天，还在花枝招展。春华是一种美，秋实也是一种美，不必着急，只要心存美好，你想要的总会得到。

大咖推荐

我们都缺少弄脏双手的智慧

《拯救加班族的PPT秘籍》作者 诺壹乔

　　我和翁静雅的沟通频率并不算高，可是每次和她聊完天，我都能从她身上感受到一种强大的感染力，一种认真生活的感染力。她自发且持续地在学习、在实践、在精进，从不着急但决不停止。

　　《好姑娘就这样光芒万丈》当中写到了饮食、健身、学

习、工作，你可以看到翁静雅的成功和失败。这些生活的细节堆叠起一个真实、有温度的人。这本书像是隔壁邻居的一本日记，你可以从中窥见一位终身学习者是如何主动、积极、勇敢地认真生活。

我看完《好姑娘就这样光芒万丈》时，是2018年年底。每到这个时候，很多人就会去做新年计划。我们都希望2019年自己能过得好一点，这就需要智慧，尤其是那种愿意弄脏双手的智慧。

什么是弄脏双手的智慧?

我曾学过几年单簧管，听过一个关于单簧管的笑话：有个单簧管乐手进了学校的管弦乐队，拿到了一本前任师兄留下来的谱子。在排练时，他突然发现有个小节下方标注了两个小字："低头"。因为乐队正在演奏的过程中，他也没有多想，就低了一下头——什么事都没有发生。于是在第二次排练时，到了该低头的小节，他毅然决然昂首挺胸，然后就被长号狠狠地戳了一下脑袋……

毫无疑问，在乐谱上做标记的师兄是个聪明人。他不但是聪明人，而且估计是一个脚踏实地的人。长号容易磕脑袋这个问题，你看乐谱发现不了，看场地发现不了，看指挥发现不了，甚至你去问乐队的其他成员，他们也不会给回答，只有你坐在属于自己的位置上实际去排练时，才能真正发现问题所在。

所以我觉得能写交响乐的人有智慧，能在谱子上标记

"低头"的人也有智慧；能编出教科书的人有智慧，而质疑教科书并标记错误的人，也有智慧。

前一种智慧是创造的智慧，它要求人们有极高的技艺和独到的想法。后一种智慧是实践的智慧，它需要人们脚踏实地，敢于弄脏双手。在如今的生活中，我们不缺乏欲望、不缺目标、不缺战略，而真正缺少的就那种愿意弄脏双手的智慧，认真践行的智慧。

大咖推荐

好女孩无论在哪里都会发光

领英专栏作者、微信读书签约书评人　药山

　　我与静雅在网络上结识，同属幸福进化俱乐部的成员。那时候，她还是一个普普通通的办公室女孩，自从知道我是生涯咨询师以后，经常向我请教职业生涯中的各种问题，生活遇到中遇到什么美好的事，也会开心地与我分享，让我为她感到欣喜。

第一次见到静雅，是一年后的秋天，我们一起参加幸福进化俱乐部烧脑节活动，我有幸和她分到同一个小组里学习。经过四天的相处，我觉得这个姑娘很有内涵。她大部分时间都是微笑地听大家发言，觉得有价值的地方，就默默记录下来。

几个月后，静雅在微信上对我说，上次活动给她的启发很大，她树立了一个目标——写一本书。

两年时间，各自匆匆，偶尔聊天时，我还打趣她："静雅，写书的愿望还没实现吗？"她总是发个害羞的表情，告诉我说："还没写好。"

不久前，静雅突然给我打电话："药山老师，我的书写完了，请你帮我看看吧！"我才惊喜地发现，她已经实现了一个重要目标。

在《好姑娘就这样光芒万丈》这书中，她用文字讲述了很多自己的故事，让我认识到不一样的静雅。

静雅给我的感觉一直是勇敢、坚强、乐观，她在书中写到自己大二时，因为身患尿毒症的父亲遭遇车祸，深夜自己去医院，在病危通知书上签字的感受。隔着文字我都能感受到那种无助和害怕。这种担心失去亲人的恐惧，更体现了她对亲人的爱。

她写到因为搭伙吃饭的习惯不同，和同事妈妈生气。这个看起来很体贴的女孩，原来也有几分小脾气。她能够在产生小情绪的同时，觉察到情绪的存在，并释放出来，让

情绪成为一道凉拌茼蒿,微苦的菜叶细嚼起来才能吃出清香和甘甜。

静雅说:"刻苦努力比不上刻意努力。"

她认为找到自己真正喜欢的事情,把工作做到极致,才算是刻意努力。这是一个知道自己想要什么,并大胆追求的女孩。她向往自由,于是选择精进一门手艺,换取一份可以任性的自由。

汤显祖曾写"一生痴绝处,无梦到徽州",在静雅这个徽州女孩的新书里,痴绝如故,并充满绮丽色的梦。

好女孩到哪里都会发光,愿静雅永远奔向梦想!

大咖推荐

你应该把生活过得更像生活

海尚控股总经理 陈安东

这个世界确实很浮躁,特征有两点,第一点是别人都说它浮躁,我也说它浮躁,不管其所以然。第二点是人们无法辩证地看待事物的价值,比如对待成功学、鸡汤文的态度。

我们每天忙着工作、聚会、使用手机……现代化社会

提高了效率的同时,也提高了工作量、社交和信息量。由此而产生的副作用就是,我们没有时间理性地判断和欣赏事物。

不定居,旅行有什么用?不赚钱,读书有什么用?不合作,喝酒有什么用?不结婚,谈恋爱有什么用?不销售,养花有什么用?

我坚持认为,如果一切都追究俗世理解的"价值",一个人很难幸福。我们的时间都很少,尤其是地产广告推广这个行业。很多同事抱怨,广告人没有生活。但如果真的到了假期,很多人就选择在家睡觉。有的人则会选择出门逛街,买点东西,要不就是约上几个姐妹吃火锅。能把日子过得讲究的人很少,会把时间过得有个人气息的更是寥寥无几。

要把生活过得更像生活,至少要保持以下四点。

第一,适当敏感,适当矫情。记得家人的生日,给朋友准备礼物,给长辈准备点零食,给同事准备下午茶……为每一件事情,准备一份心情,并不是当成任务来完成。让这些事情给你带来满足感,否则,你每天的情绪都是:我很忙,我很烦恼。

第二,要勤快,不要懒。能用手做的,不要用机器。能自己做饭,不要用手机叫外卖。能走路或骑共享单车,就不要打车。这样,无论你再怎么忙,至少都能参与一点儿生活。用双手创造的一菜一饭、一字一句、一花一木,也可

以理解成一种价值。它们有时候比银行账户的数字，更宽慰人心，更像一种价值。《好姑娘就这样光芒万丈》作者翁静雅，就是在实践生活。

第三，不要有攻击性。网上流行一个词"耐撕"，英文是NICE。有一次，我的一个客户，也算位居要职。我们在聊天，他的下属进来，问了一个很基础的问题。他立刻很耐心地和那位同事解释。我觉得他很NICE，拥有尊重、耐心、克制等特质，我们可以试着习惯性掩藏坏脾气直到没有坏脾气。

第四，有趣味。趣味可以是写字、读书。做一个能为一个作者聊半天，为一壶茶坐半天，为一个晚霞等半天的人。生活提供了很多审美素材，能欣赏它们的，从古时候看，苏东坡、李渔、曾文正……要不成了诗人、要不成了富商、要不成了高官。反而整天忙碌的，成就都很一般。这就是所谓的"荣者自安安，庸者定碌碌"。

我受到身边一些人的影响，比如翁静雅，也开始尝试做一个这样的人。不得不说，时间确实是最大的问题，有太多的事情在争夺你的时间。但这不妨碍我们在空闲时候，尽量自己动手，而不是沉睡；去看一眼月色，而不是手机；去翻几页闲书，而不是理论干货。

我们应该把生活过得更像生活，而不是为了生存庸碌半生。

大咖推荐

读了这本书，你将不再迷茫

上知品牌咨询公司总经理　上知雷神

我第一次见到翁静雅，是在管理学读书沙龙活动中。

她清瘦，内敛，安静地坐在角落里，和其他朋友不太一样。活动结束后，她主动帮助我们整理现场，还鼓足勇气自我介绍，表示希望和大家一起学习成长。此后，静雅总是准时参与沙龙，风雨无阻。

有一次，她对我说："雷哥，你们的分享真精彩！我也有一些工作学习的观点和想法，能不能在沙龙平台做一次分享呢？"

我鼓励她："当然可以，开口就是突破。"

于是她精心准备，给小伙伴们做了一场生动的演讲。

关于她，还有一件事让我印象深刻。

2015年，马拉松风靡朋友圈，我看到静雅也在坚持练习长跑。在当年10月的合肥国际马拉松比赛赛场，我见到了她。

她不仅报名参赛，也顺利完成了比赛。之后几年，我总能看到她参加各项马拉松比赛。通过这件事，我发现静雅虽然外表温柔，但内心强大，很坚韧。

现在，静雅的第一本书《好姑娘就这样光芒万丈》出版了，我看到她更优秀、更自信的一面。

在这本书里，你能看到她的生活、工作；看到她的积累、收获；看到她与家人、朋友的互动，与自我的相处，以及种种小确幸。其中生活意趣娓娓道来，让人会心一笑。

焦虑，是现代很多年轻人的心理困境。为了摆脱焦虑，有人可能会去寻求感官的刺激，有人会逃避，而有的人则会沉静下来，与自我独处，与自我对话，从内心找到超越焦虑的真实答案，就像静雅一样。

所以我把这本书推荐给都市中迷茫的年轻人，相信你也会从静雅的故事中，汲取更多的力量。